이 세상의 웃지 못하고 고민하는
모든 사람들에게

Confident Smile Line ; because You are unique

"키스를 부르는 마법의 미소, Smile Design
Perfect smile line 개선 프로젝트"

키스를 부르는 마법의 미소, Smile Design

초판 1쇄   2014년 07월 07일

지은이   정유미
발행인   김재홍
기획편집   주광욱
디자인   박보라, 김태수
마케팅   이연실

발행처   도서출판 지식공감
등록번호   제396-2012-000018호
주소   경기도 고양시 일산동구 견달산로225번길 112
전화   031-901-9300
팩스   031-902-0089
홈페이지   www.bookdaum.com

가격   23,000원
ISBN   979-11-5622-022-0 03590

CIP제어번호   CIP2014010344
이 도서의 국립중앙도서관 출판시 도서목록(CIP)은 e-CIP 홈페이지(http://www.nl.go.kr/
ecip)에서 이용하실 수 있습니다.

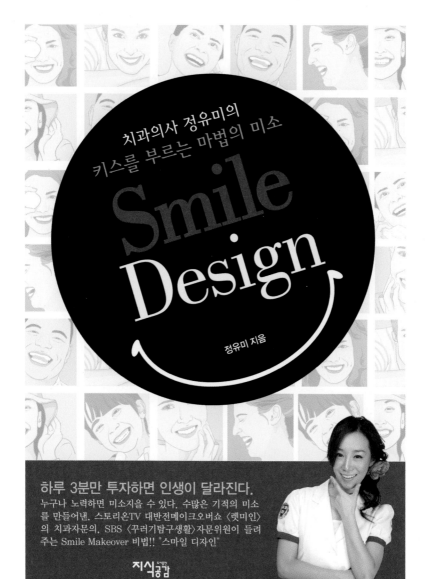

치과의사 정유미의
키스를 부르는 마법의 미소

Smile
Design

정유미 지음

하루 3분만 투자하면 인생이 달라진다.
누구나 노력하면 미소지을 수 있다. 수많은 기적의 미소
를 만들어낸, 스토리온TV 대반전메이크오버쇼 〈렛미인〉
의 치과자문의, SBS 〈꾸러기탐구생활〉자문위원이 들려
주는 Smile Makeover 비법!! "스마일 디자인"

지식공감

Contents :)

키스를 부르는 마법의 미소,
Smile Design

**이 책을
시작하면서**

주름을 방지하기 위해 웃지 않으려는 여성들도 있고 과묵해 보이려고 억지로 미소를 짓지 않는 남성들도 있다. 하지만, 사회생활을 하다 보면 미소가 대인관계에 미치는 영향은 지대하다. 첫인상에서 가장 중요하다는 외모 중에서도 가장 중요한 것은 표정이다. 의사인 내가 첫인상에 대해 거론하는 것이 아이러니하기도 하지만, 아쉽게도 첫인상으로 상대방을 평가하는 사람들이 너무 많기 때문이다. 미소는 그만큼 좋은 첫인상을 남길 때 중요한 요소가 된다. 미소는 마음에서 우러나와야 자연스럽다. 하지만, 늘 즐거운 생각만 할 수는 없다. 실제로 미소가 생활화되어 있는 사람들은 어떤 상황에서도 미소를 잃지 않는다. 내가 자주 거론하는 '키스를 부르는 마법의 미소'라는 슬로건처럼 미소를 짓는 인상과 표정은 실제로 주변 사람들로부터 칭찬과 사랑을 받게 한다.

그런데 상황에 맞지 않는 미소는 상대방으로부터 오해를 불러일으킬 수 있다. 따라서 여러 가지 상황을 놓고 그에 알맞은 미소를 디자인하는 것도 좋을 것이다. 다행히 미소는 얼굴근육으로 만들어진다. 연습만 한다고 해서 되는 것은 아니지만, 모든 근육운동처럼 자신에게 알맞은 미소를 짓기 위한 연습과 훈련을 거듭하면 어느 순간 내 얼굴에서 자연스럽고 아름다운 나만의 미소가 자리 잡게 될 것이다.

어느 날 나는 우리 치과 직원과 스마일에 관한 대화를 했다.

Dr. 정 : 실장님 생각엔 기쁜 생각이나 경험을 하면, 눈이 먼저 웃는 것 같나요? 아니면 입이 먼저 웃는 것 같나요?
이 부분은 의견이 분분한데, 뇌과학자와 신경생리학자 등의 의견이 다 다르네요.

직원 : 눈이 먼저 반응할 것 같은데, 그래도 입을 따라 눈이 반응하는 것 같아요.

Dr. 정 : 그렇죠. 나는 훈련하면 (연습하면), 웃을 수 있다는 쪽이에요.

직원 : 눈빛은 변해도 눈 근육보다 입술 근육이 먼저 움직이는 것 같아요.

Dr. 정 : 뇌과학자의 말에 의하면, 눈이 웃는 게 정상이라고 하네요. 실제로 안과의사들의 말에 따르면, 눈이 뇌와 가장 가까운 구조물이래요.

직원 : 아…….

Dr. 정 : 그런데 잘 웃는 사람은 입이 웃으면 눈이 웃게 되어 있대요. 신경생리학자의 말에 의하면, 기억에 의해 운동신경이 반응하고, 그게 결국 기쁜 마음으로 바뀐대요.

직원 :	노력해서 행복해지는 건 입술 스마일이네요.
Dr. 정 :	그래서 웃으면서 무언가를 하면 점점 즐거워진다고!
직원 :	음... 웃으면서 일을 하면 실제로 즐거워 지는 것 같아요.
Dr. 정 :	즐거운 생각을 하면 좌뇌가 반응해서 자꾸자꾸 기뻐지고요. 가짜로 웃으면 우뇌가 반응해서 슬퍼진대요. 이성적인 부분이 반응하는 것이라, 즐거워서 웃는 게 아니니, 심지어 고통스러울 수도 있대요.

누구나 연습하면 자신 있게 웃을 수 있다. 물론, 이러한 연습 외에도 아름답고 완벽한 미소를 짓도록 도와주는 다양한 술식들이 있다. 실제로 나의 경우도 치아교정을 한 후에 더 많이 웃게 되었고 치아 미백을 한 다음에는 더 자신 있는 미소가 완성되었다. 나는 가능한 한 내가 환자들에게 행하는 술식을 먼저 자신에게 해 본다. 그래야만 어떤 과정과 결과가 되는지 분명히 알 수 있기 때문이다. 물론 같은 시술이라도 사람마다 다르게 반응한다는 점을 명심하면서.

내가 심미 치료를 주로 하다 보니, 치아교정이나 치아성형에 대해 물어보는 사람이 많다. 많은 사람들이 진료실이나 상담실에서 내게 물어보는 것이 "제 치아는 꼭 교정을 해야 하나요?", "양악수술로 치료해야 하나요?", "코 수술을 생각하고 있는데 치아교정보다 먼저 해도 되나요?", "성형수술 후, 치과 치료를 해야 하나요?" 등이다.

당연히 답은 모두 "No!"이다. 치료, 특히 심미 치료에 있어 '반드시'라는 말은 없다. 그리고 수술보다는 보존적인 치료가 더 나은 경우가 많다. 얼굴에서 가장 베이스가 되는 것은 눈과 코 아래에 위치한 치아와 턱뼈이다. 만약, 치아교정이나 치아성형을 계획 중이라면, 다른 수술보다 먼저 해야 한다. 실제로 치아교정만으로, 코가 높아지는 결과가 나타나기도 하고 치아교정 후 코가 펑퍼짐해지면서 재수술을 해야 하는 경우도 있다. 다행히, 치과에는 엑스레이 장비가 있다. 이를 통해 치과의사는 환자가 받은 과거의 수술 흔적을 파악해 치료 계획을 설정할 때 참조하기도 한다.

심미 치과의 특성상 부모나 보호자와 함께 치아교정이나 치아성형 시술 상담을 받으러 와서는, 내게 그 외의 성형수술에 대한 조언을 함께 구하는 경우도 있었다. 그때는 내가 치과 치료 상담을 할 때 먼저 엑스레이 사진을 보여 주면서 치과 치료와 더불어 성형수술이나 악교정수술을 병행하는 방법을 알려 주기도 했다. 대부분 경우에는 자기가 궁금해하던 것에 대한 해답을 찾았다는 듯이 기뻐하며 치료 계획에 잘 따라 줬다. 의사와 환자와의 완벽한 커뮤니케이션이 되었다면 서로에 대한 신뢰가 충분히 쌓이고 있다는 좋은 신호다. 치과 치료에 대한 확신을 가진 환자들은 치료 전반적인 과정을 믿고 잘 따라 줬다. 적극적으로 치료할 수 있는 시기는 이때다.

요즘 치과를 찾는 사람들은 소위 프로슈머Prosumer : Professional + Consumer다. 본인들의 입맛에 맞는 치료를 원하고, 적극적으로 치료 계획에 참여한다. 그래서 치료의 과정과 결과는 더욱 즐겁고 신날 수밖에 없다. 덕분에 나는 최근 치과에서 할 수 있는 스마일 운동과 이미지성형을 시행 중이다.

나는 이 책을 통해 아름답고 자신 있는 미소를 위한 조건에는 어떤 것이 있으며 보다 완벽한 스마일라인을 위한 연습과 치료에는 어떤 것이 있는지 알려 주고자 한다. 내가 치과의사이다 보니 간혹 최신 경향의 심미 치료에 대한 이야기와 스마일 디자인 방법도 소개하고 있다. 하지만 주로 인생을 바꾸는 미소에 대한 이야기와 실생활에서도 응용 가능한 미소 활용법, 하루 3분만 투자해도 달라지는 인상과 미소에 대한 여러 주제를 담고자 노력했다. 늘 강조하듯이 누구나 연습하고 노력하면 자신 있게 웃을 수 있다는 점을 명심하자.

이 책을 읽는 사람이면, 어느 누구나 자신만의 미소를 디자인할 수 있게 될 것이다.

자신 있게 웃자. Because you are unique!!

비 오는 날 원장실에서
이 세상의 웃지 못하고 고민하는 모든 사람들에게
치과의사 정유미 드림

Part
01

아주 작은 변화로도
달라지는 미소

친절한
의사가 될게요

나는 어린 시절 한창 단 것을 좋아했다. 유치젖니 단계에선 캐러멜을 먹다가 치아가 빠지기도 했고, 줄곧 충치에 시달렸다. 하지만, 치과 치료는 아프고 치과의사도 무서웠다. 그 덕분에 나는 보다 배려심 있는 치과의사가 되기로 결심했고, 어린 나이에 삶의 지침을 설정할 수 있었다.

청소년기를 거치면서 과학자나 외교관 등의 다른 꿈을 좇기도 했지만, 결국 나의 오랜 숙원이던 치과의사가 되었다. 이런 나를 찾아온 환자 중엔 꼬마아이들도 있었다. 이 아이들 중 일부는 치료를 시작하기도 전에 병원이 떠나가도록 울거나, 치료 도중 내 손을 물거나, 치료를 잘 받던 아이가 어느 순간 갑자기 돌변해 주먹으로 내 복부를 있는 힘껏 강타하기도 했다. 아이들의 미소는 어린이를 좋아하는 내게 치과의사가 된 것에 보람을 느끼게 했지만, 아무리 노력을 해도 여전히 치과의사 가운만 봐도 우는 아이들이 있었다. 그래도 매일 새로운 사람을 만나고 대화하고, 아는 정보를 나눠주는 치과의사로서의 삶이 아주 즐거웠다.

　하지만 얼마 지나지 않아 회의감이 느껴졌다. 그렇게 열심히 일하고 열정적으로 치료한 결과, 내게 남은 것은 쉰 목소리와 만성 요통이었다. 내게도 무언가 변화가 필요했다. 그래서, 나는 치과의사로 진료를 하면서 치과경영학을 한 학기 공부한 뒤, 본격적으로 서울대학교 경영전문대학원에 진학해 MBA 공부를 시작했다. 그런데, 새로운 공부를 시작한 시기에 나의 어머니께서 큰 병으로 오랜 기간 입원하시게 되었다. 당시 동문수학하던 서울대 global MBA 학우들을 비롯, 많은 분들의 도움과 가족들의 극진한 간호로 어머니는 병을 잘 이겨내셨다. 힘겨운 과정을 극복하고 생명을 지키셨는데, 그때 어머니께서 입원하셨던 대학병원의 의사들은 대부분 불친절했다. 마치 의사의 권위의식이 무엇인지 확실히 보여주려는 듯했다. 담당 교수님은 친절했으나 그 아래의 레지던트들은 대부분 꼿꼿한 자세로 환자나 보호자의 질문을 무시하고 귀찮아 했다. 내과의 특성상 많은 환자들을 보느라 지치고, 오랜 수련 기간과 계속되는 밤샘 근무가 그들의 정서를 메마르게 한 것인지도 모른다. 그때 나는 다시 한 번 생각했다. 환자들의 마음을 읽고 이해하려고 노력하는 의사가 되자고! 의사는 환자의 마음까지 치료하는 사람이어야 한다고!

　의사는 뛰어난 의료기술로 사람을 살리지만, 의사의 말로도 사람의 생명을 연장할 수도 있다. 환자가 희망의 끈을 잡을지 놓을지 여부는 의사의 말 한 마디에 따라 크게 좌우한다. 그 당시 어머니의 주치의였던 박 모 교수님은 환자에게 친절한 분이었다. 어머니의 얼굴을 보고 "오늘은 좋아지셨네요. 내일은 더 좋아지겠네요." 하는 그 한두 마디에 어머니는 기운을 차렸고, 아버지를 비롯한 우리 가족들은 모두 그 결과를 나누며 기뻐했다. 의사의 한 마디는 환자를, 환자 보호자를, 그리고 그와 관련한 모든 사람을 춤추게 했다.

그 후 나는 적은 환자라도 만족시킬 줄 아는 친절한 의사, 상냥한 의사, 뭐 하나라도 자세히 설명하는, 그런 의사가 되기로 했다. 간혹 너무 바쁜 날은 환자에게 짧은 인사도 못 건넬 정도로 여유가 없는 날도 있었다. 또 이러한 나의 수다를 귀찮아하는 사람도 있었다. 하지만 가능하면 세세한 부분을 놓치지 않고 설명하기로 했다. 그런 나를 보면서 부모님은 자랑스러워했고, 병중에도 내게 친절한 의사가 될 것을 재차 당부하셨다. 우리 가족 중엔 또 다른 분야의 의사도 있는데, 어머니의 바람대로 모두 친절하고 상냥한 의사가 되었다.

다시 찾은
어머니의 미소

　오랜 항암 치료를 모두 마치고 퇴원한 어머니는 미소를 잃은 상태였다. 미소는 물론, 다른 사람들과의 대화도 잃었는데 대부분의 시간을 의미를 알 수 없는 중얼거림을 하는 것으로 보내셨다. 심지어 밤에도 그런 상태가 계속되었는데 그럼에도 한 번도 곁을 떠나지 않고 어머니를 지켜 주던 아버지가 나는 존경스럽다. 어머니는, 내가 아무리 웃긴 이야기나 희망적인 이야기, 여행 이야기나 젊은 시절 추억을 끄집어내도 늘 무표정으로 허공을 바라보고 있거나 인상을 쓰는 게 대부분이었다. 어머니는 가끔 '뽀드득 뽀드득' 소리를 내면서 심하게 이를 갈았는데 항암 치료의 고통으로 이를 악물고 이를 가는 습관까지 생긴 것이었다. 치과 의사가 된 이후 어머니 치아는 작은 충치부터 임플란트 시술까지 내가 도맡아 해왔다. 하지만, 항암 치료를 받는 동안 대학병원의 치과에 계속 검진을 의뢰했고 병원에서는 그 동안 어머니의 치아보다는 전신 상태에만 집중하고 있었다. 늘 곁에서 어머니를 지켜보시던 아버지께서, 최근 어머니가 이를 심하게 간다고 하고 나서야, 나는 어머니의 치아를 면밀히 관찰했다. 심하게 경사를 이루면서 오른쪽 전체 치아가 교모attrition가 되어 있었다. 치경부 파임 증세도 심했는데, 대부분의 치경부 파임 cervical abfraction이나 마모cervical abrasion는 잇솔질에 의해 잇몸과 치아의 경계부에서 일어나는 경우가 많았지만, 이갈이grinding나 이 악물기 clenching가 심한 경우는 치아가 그 부위에서 떨어져 나간 것처럼 심하게 파여 있는 것이 특성이다. 물론 어느 경우에나 시림 증세hypersensitivity가 심하다. 1년 남짓한 시간에 이 정도로 심한 교모와 마모가 일어난 것을 보니, 이를 어찌나 심하게 갈았을지 그동안의 고통을 짐작하기도 힘들었다.

내 기억 속의 어머니는 완벽한 스마일라인의 소유자였다. 말하는 순간에도 어머니는 늘 웃는 모습이었고 눈빛은 늘 따스하면서도 당당해 보였다. 늘 새하얀 치아가 환하게 드러나도록 웃는 그 모습을 따라 하려고 나를 보며 웃어 보라며 몇 번씩 부탁해서 사진으로 어머니의 웃는 모습을 남기기도 했었다. 그렇게 당당한 미소로 사람을 기쁘게 해 주던 어머니의 모습을 찾아 드리고 싶었던 나는 당신의 건강이 좋아지길 기다리면서 우선 나이트 가드night guard를 제작해 드렸다. 이갈이로부터 치아를 보호하는 것이 목표였다. 전체를 덮으면 답답해 할 것 같아 앞니 부위는 3분의 1에서 2분의 1 정도만 덮는 변형된 디자인으로 장치를 제작했는데, 이는 최근 내가 제작하는 나이트 가드 디자인의 기초가 되었다. 어쨌든 그렇게 또 1년이 지나는 동안에도 어머니는 여전히 웃음을 잃은 상태였다. 당신의 얼굴은 60대라고는 믿기 힘들 정도로 주름이 심해졌으며, 항암 치료 시 깎았던 머리가 새로 자라면서 전체가 새하얀 백발로 변했다. 나는 어머니의 거부에도 불구하고, 머리를 염색해 드렸다. 그랬더니 어머니가 변하기 시작했다. 새로 까맣게 변한 머리를 보더니 처음으로 웃기 시작했다. 다음은 치아 차례였다. 심미 치과의사답게 먼저 어머니 치아 중 심하게 파인 치경부를 치료해 드렸고, 그제서야 어머니는 다시 환하게 웃으셨다. 시린 치아가 없어지니 양치질도 잘하게 되었다고 하셨다.

시간이 지날수록 마음이 급했다. 하루라도 빨리 본격적인 심미 치료를 진행하고 싶었다. 교모된 치아 중 심한 경사까지 생겨버린 앞니 5개를 치아성형과 라미네이트로 교체하기로 했다. 라미네이트와 치아성형을 위해서는, 건강한 잇몸과 가지런한 잇몸 선이 필수적이었기 때문에 잇몸 치료를 병행했다. 어머니의 질병 특성상 출혈에 매우 조심스럽게 대응해야 하는데, 이미 심하게 부어 있는 어머니의 잇몸 치료는 출혈이 예상되는 치료였다. 보통 1~2회 정도면 충분하지만, 여러 번에 나눠 치료를 시행했고 주로 레이저 시술을 이용해 출혈과 부종을 최소화했다. 코랄 핑크coral pink의 옅은 분홍빛의 잇몸이 갖춰지자 치아도 가지런하게 바꿔 드릴 수 있었다. 새로운 기적이 일어났다. 어머니는 새로 생긴 가지런하고 새하얀 치아에 만족하셨고, 기억 속의 그 미소만큼 혹은 그 이상으로 더 아름다운 스마일라인이 생겼다. 사람들에게 자신의 치아를 자랑했고, 더 웃고 싶어 하고 더 많은 사람들을 만나고 싶어 했다.

나는 여기에 덧붙여, 어머니께 보톡스를 시술해 드렸다. 어머니가 원해서 한 시술이었기에 치료 후 곧바로 변화가 일어났다. 그리고 얼마 뒤, 어머니는 나의 결혼식에 환하게 웃는 모습으로 참석할 수 있었다. 그때 찍은 환한 미소의 독사진이 있었는데, 그것이 1년 뒤 당신의 영정사진이 되었다. 슬프지만 결코 비참하지 않아 보이는, 우아하고 환한 미소……그 미소가 바로 내가 영원히 간직하는 어머니의 모습이 될 것이다.

60대에도 가능한 할리우드 미소, 치과에서 하는 이미지 성형

내가 아는 한 60대 여성분은 꽤 미인이었지만, 측절치 중 하나가 선천적으로 없고congenital missing, 나머지 하나마저 쐐기형의 왜소치peg lateral였다. 이러한 치아의 모습 때문에 윗니는 비대칭이 있었고, 송곳니는 덧니처럼 돋보였다. 웃으면 이러한 덧니가 귀여운 인상을 심어 주었지만, 어릴 때부터 이런 치아는 콤플렉스로 작용했고 잘 웃지 못하셨다고 한다. 처음 그 여성을 만났을 때, 눈이 부시도록 새하얀 피부가 어릴 때부터 곱게 자란 부잣집 딸답게 귀티가 났다. 그리고 웃는 모습이 부처의 미소와 같은 '염화시중의 미소'였다. 나는 그 분의 미소가 정말 마음에 들었다. 늘 엷게 입가에 미소를 짓고 있는 모습이었는데, 뭔가 마음을 알기 힘들게 하는 신비로움이 있었다. 마치 레오나르도 다빈치의 걸작 '모나리자'의 주인공을 만나는 느낌이 들기도 했다.

그런데 그 분이 활짝 웃었을 때야 비로소 그 엷은 미소의 비밀을 알게 되었다. 바로 덧니 때문이었다. 당신의 치아 콤플렉스가 있었기 때문에 자녀들은 어린 나이에 이미 교정 치료를 마친 상태였지만, 정작 본인은 나이가 들고 나서 교정 장치를 붙일 생각은 하지 않으셨다. 당연히 나는 라미네이트와 치아성형을 진행하기로 했다. 불과 2~3회의 내원 동안, 잇몸 성형과 치아 미백, 치아성형이 차례로 이루어졌고 평생 크게 웃지 않던 염화미소는 할리우드 배우의 미소로 변했다.

이제 그 분의 우아함에 단정함이 더해졌다. 기존에는 윗니보다 아랫 니가 주로 보이는 Type 3 혹은 윗니와 아랫니가 모두 보이는 Type 4 의 미소였으나, 치아성형과 라미네이트 치료 후에는 윗니가 주로 보이는 정갈한 느낌의 Type 1의 스마일라인으로 바뀌었다. 추후 거론하겠지만 Type 1은 우리나라 연예인들의 주된 미소 타입이다. [Part 2. '미소의 4단계와 다양한 분류' (50-51쪽)참조]

모든 심미 치료에 시기가 따로 정해져 있는 것은 아니다. 흔히 심미 치료는 20~30대의 여성이 많이 한다고 생각하지만, 의외로 진료실에서 만난 사람들 중에는 50~60대의 여성과 30~40대의 남자도 많다. 다만, 20~30대의 여성과는 달리 대부분 티 안 나고 빠르게 치료가 마무리되길 원하는 점이 다르다.

치료를 통해 미소가 바뀐 또 다른 사례가 있다. 내가 아는 사람 중 한 명은 선천적으로 측절치 두 개가 모두 없는 상태였다. 어릴 때 치아교정을 한 후, 한 때 유행하던 메릴랜드 브릿지Maryland bridge 두 쌍을 착용한 상태였다. 치과의사인 내가 봐도 처음에 잘 알지 못할 정도로 치료는 잘 되어 있었지만, 얼마 전부터 지속적으로 탈락하기 시작한 모양이었다.

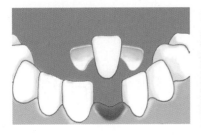

일반적인 메릴랜드 브릿지 시술의 모식도

그는 그저 말이 없고 과묵한 사람으로 보였고, 아주 가끔 환한 미소를 지을 때면 살짝 보이는 치아가 가지런해 보였다. 그런데 어느 날 그 사람과의 데이트 중 메릴랜드 브릿지가 탈락하고 만 것이다. 애써 웃음을 참으며 급하게 치과에 들러 치아를 붙여 주었지만, 그날의 앞니가 빠진 모습은 아직도 내 뇌리에 강하게 자리 잡고 있어, 나를 또 한번 웃게 만든다. 그리고 나는 그 분의 메릴랜드 브릿지를 제거하고 임플란트로 대체해 주었다. 그리고 만날 때마다 스마일을 연습시키고 있다. 노력하면 안 되는 것은 없다.

울상이던 내가 환한 미소를 갖게 된 것, 배우들의 환한 미소, 미스코리아나 모델들의 화려한 미소, 비행기 승무원들의 단아한 미소······. 이 모든 것은 오랜 노력의 결실이다. 누구나 노력하면 웃을 수 있다. 물론, 외부의 도움이 조금 가미된다면 더 효율적인 변화가 일어날 수 있을 것이다.

프로슈머의
변화와 함께하기

    대부분의 심미 환자는 그래도 여전히 20~30대다. 20~30대의 세대적 특성을 반영하듯이 본인들의 주장이 매우 강하고 확고하다. 그래서, 대부분의 경우 본인이 원하는 치료를 인터넷을 통해 웬만큼 알아본 뒤, 스스로 미리 계획하고 치과나 성형외과를 방문한다. 간혹 여러 군데를 들렀다가 우리 치과를 찾은 경우도 있어, 상담에 그리 많은 시간이 소요되지 않는 경우도 많다. 자신의 계획이 틀렸다는 것을 알면 즉시 수정이 가능한 세대다. 그만큼 변화에 쉽게 적응하기도 한다. 이를 위해선, 상담자가 원하는 것을 빨리 간파해야 한다. 먼저 말해 주기도 하지만, 의사의 반응을 살피기 위해 상담 시 가만히 듣고만 있는 경우도 있다. 모든 경우에 환자와의 대화를 통한 면밀한 상담은 필수적이다. 치아성형이나 치아교정의 경우는 특히 그렇다.

    또 한 가지 방식은 이러한 프로슈머 (Prosumer : professional +

consumer)를 만족시키기 위해선 트렌드trend를 주도해야 한다. 예전에는 무조건 가지런한 스마일라인을 원했다면, 최근에는 앞니가 토끼 이빨처럼 도드라져 보이는 치아를 원하기도 하고, 교정한 치아에 덧니를 붙여 달라는 헤어 디자이너도 있었다. 심지어 치아에 보석을 붙이는 치료를 원하는 사람까지 있을 정도이니, 심미치료를 하기 위해선 최신 패션과 트렌드를 정확히 알고 있어야 할 것이다.

또 젊은 여성 환자나 결혼을 앞둔 여성들이 과감한 변화를 시도하는 경우도 많다. 짧은 시간에 변화가 일어나는 특정 치료에 대해서 큰 망설임도 없고, 치료 중의 작은 통증이나 적응 과정을 흔쾌히 받아들이고 치료 후의 결과에 대해 만족하고 심지어 놀라워하거나 즐거워한다. 이는 30~40대 남성에서도 유사하다. 특히, 비용보다 더 중요시 여기는 것은 비용대비 효율과 결과다. 스마일 운동을 시키거나 웃는 연습을 하라고 할 때도 적극적으로 따른다.

다만, 40~60대 여성이나 20대 남성의 경우에서는 다른 반응이 나타난다. 물론 내가 조사를 하거나 연구를 한 것은 아니지만, 나의 경험에서 볼 때 대부분의 이 그룹에서는 치료에 대한 망설임이 나타난다. 변화는 원하는데 최소한의 치료만을 바란다. 막상 본인이 원해서 치료를 하게 될 경우에도, 치료 과정에서 계속 후회를 하고, 치료 결정 여부를 번복하는 경우가 많다. 치료를 권한 경우는 대부분 치료 과정에서 지속적인 의문을 갖다가 치료가 마무리될 때쯤에야 치료 결과에 흡족해 하기도 한다. 물론 모든 경우가 이에 해당하는 것은 아니지만, 어느 정도 예상은 하고 상담과 치료 계획이 세워져야 한다. 막상 치료를 망설이다가 뒤늦게 후회하는 경우도 있다.

치과 치료는 늘 타이밍이 중요하다. 치료는 빠르면 빠를수록 좋고, 예방이나 조기 치료는 치료 비용과 시간 등을 모두 절약하게 하고, 치료의 결과가 더 좋을 확률이 높다. 다만, '가장 늦었다고 생각할 때가 가장 빠른 때'라는 격언처럼, 만약 뒤늦게라도 시작하면 그만큼 더 좋을 것이다.

나는 상담의 대가도 아니고 모든 사람의 마음을 사로잡는 기술도 없다. 하지만 최대한 환자들의 마음을 읽으려고는 한다. 한 60대 여성은 치과에 들러 치아에 대해 상담하다가 눈물을 쏟으면서 자신의 인생사를 한탄한 경우도 있었다. 나는 말없이 한 시간 동안 그분의 이야기를 듣고 있었다. 나머지 직원들은 상담실에서 울음소리가 흘러나오자 바짝 긴장해 있다가 나중에 웃으면서 나오는 모습을 보고 의아해 하기도 했다. 20~30대 젊은 환자에서나 50~60대 환자에서나 신기하게도 함께 눈물을 흘리면서 공감대가 형성된 경우에는 의사 역시 환자와의 신뢰 관계가 형성되지 않아 치료계획 수립이 어려워진다. 정신건강의학과의 역할이 중요해진 요즘, 이러다가 내가 상담사의 역할을 뺏어 버리는 건 아니겠지? 라는 걱정 아닌 걱정이 들 때도 있다.

메러비언의 법칙,
첫인상을 사로잡는 3요소

첫인상은 처음 만났을 때의 이미지만으로 인식되는 정보다. 첫인상에 대한 의견은 분분하지만, 대부분의 사람은 첫인상으로 상대방을 판단하는 경우가 많다. 짧은 시간에 사람을 평가하는 면접관들은 특히 첫인상으로 그 사람을 평가해야만 하는 입장이다.

첫인상이 잘못 입력되면 그 사람의 좋은 면까지 거부하게 마련인데, 이러한 현상을 심리학자들은 '초두효과Primary Effect'라고 한다. 먼저 들어온 정보가 나중에 들어온 정보보다 전반적인 인상 형성에 더욱 강력한 영향을 미치는 현상을 말한다. 즉, 첫인상이 중요한 이유는 최초의 느낌이 오랫동안 그 사람의 기억에 남기 때문이다.

인간의 심리는 그 사람에 대한 긍정적인 부분보다는 부정적인 부분에 더 집착하는 경향이 있다. 이러한 심리적 현상을 '부정성의 효과Negativity

Effect'라고 하는데, 실제로 한 번 구겨진 인상은 다시 회복하기가 힘들다. 따라서 잘못 전달된 첫인상을 바꾸려면 대단히 급격하고 충격적인 반전이 필요하다. 첫인상이 좋지 않았을 경우, 다시 좋은 인상으로 만회하려면 최소한 40회의 만남 혹은 40시간을 투자해야 한다는 실험 결과도 있다.

첫인상을 좌우하는 요소는 이미지나 말투, 분위기, 옷차림 등으로 다양하지만, 대부분 시각적 정보에 의해 이루어진다. 미국의 심리학자 앨버트 메러비언Albert Mehrabian의 '메러비언의 법칙'에 따르면, "인간의 평상적인 의사소통에 있어서 55%의 시각적인 요소(복장과 외모 등)와 38%의 목소리(음색, 억양, 고저 등)와 신체언어, 그리고 7%의 말하는 내용, 즉 3가지 요소를 근거로 첫인상을 형성"한다고 했다. 이 모든 것이 모두 치과와 관련이 있다. 시각적 이미지는 치과와 관련한 분야 외에도 여러 가지가 관련하고 있지만, 청각적 이미지와 언어적 이미지는 모두 치아와 구강과 관련한 발성 및 개인의 언어의 사용과 관련한다.

시각적 이미지라고 하면, 흔히들 외모를 떠올릴 수 있지만, 2012년 10월 YTN 뉴스에 따르면, 취업 포털사이트 '잡 코리아'에서 남녀 직장인 822명을 대상으로 조사한 결과, 첫인상을 결정하는 중요한 요인은, 얼굴표정이라는 응답이 74.5%로 가장 많았고, 나머지는 외모의 준수한 정도(49.4%), 차림새(40%), 어투와 자주 사용하는 용어(32.1%), 체격(24.5%) 및 목소리 순위로 나타났다.

예쁘고 잘생긴 외모만큼 중요한 시각적 이미지 중 하나가 미소일 것이다. 미소를 구성하는 요소는 스마일라인과 치아, 그리고 웃을 때 나타나는 눈의 변화 등으로 이루어지는 복합 산물이다. 특히 사람이 지을 수 있는 표정 중에서도 가장 호감을 주는 표정은 바로 웃는 모습, 즉 미소라 해도 과언이 아니다.

 예쁘고 잘생긴 외모만큼 중요한 시각적 이미지 중 하나가 미소일 것이다. 미소를 구성하는 요소는 스마일라인과 치아, 그리고 웃을 때 나타나는 눈의 변화 등으로 이루어지는 복합 산물이다. 특히 사람이 지을 수 있는 표정 중에서도 가장 호감을 주는 표정은 바로 웃는 모습, 즉 미소다. Barbary macaques는 입을 벌리면서 기쁨을 표현한다고 한다[1]. 하지만, 인간은 여러 동물 중에서, 영장류 중에서도 유일하게 안면 근육을 이용해 미소를 지을 수 있다고 하니, 이 미소에 대해서 조금 더 살펴볼 필요가 있겠다.

Barbary macaques

[키스를 부르는 마법의 미소, Smile Design]

Part
02

미소의 의미,
분류와 종류

웃음과
미소의 미학

"웃음은 본인을 위한 것이고, 미소는 남을 위한 배려..."

웃음laugher과 미소smile는 다르다. 미소는 웃음 그 자체가 아니라, 방긋이 웃는 것 혹은 그러한 상태를 일컫는다. 실제로 미소는 웃기 위한 과정이나 웃음의 전 단계가 아니고, 웃음과 미소는 전혀 다른 과정에 의해 이루어진다[1]. 어쨌든 이미 여러 연구와 서적을 통해 웃음과 건강, 웃음과 성공에 대해서 많이 밝혀지고 있다. 다만, 소리 내서 웃는 '웃음'은 본인의 건강을 위해 하는 것이 좋고, 소리 없이 만드는 '미소'는 대인관계와 사회생활을 위한 훈련이라고 볼 수도 있겠다. 물론 미소를 지으면 스스로 자신감이나 행복감을 느끼게 된다. 미소를 짓는 것을 연습한 사람 혹은 미소가 생활에 스며든 사람은 나이가 들수록 그 표정이 얼굴에 남게 되고, 아름다운 미소를 짓는 얼굴을 보면 기분이 좋아지고 경계심이 없어져, 그 사람을 보다 매력적으로 보이게 한다.

웃지 않고, 굳은 표정은 주름은 없을 수 있겠지만, 어딘가 모르게 뻣뻣하고 부자연스러운 얼굴로 변한다. 실제로 보톡스 치료 직후, 근육이나 피부에 일시적인 제한이 일어나면 매우 부자연스러운 표정이 되는데 이런 시술은 연기를 하는 탤런트에겐 치명적이다. 인상을 쓰거나 웃을 때는 모든 얼굴근육이 자연스럽게 한꺼번에 움직여 따라가게 되는데, 미간에 주름이 잡히지 않거나 입만 웃는 장면이 연출되기도 한다.

우리가 흔히 말하는 아름다운 스마일라인을 위해서는, 사람마다 다른 스마일을 분석하고 진단하며 연습하게 해야 한다. 여러 가지 심미 치료는 그것을 돕는 역할을 할 뿐이다. 미소는 마음에서 우러나는 것이기 때문에 고르고 깨끗한 치아는 웃을 수 있도록 하는 자신감을 가미하는 요소가 될 수 있다.

실제로 웃을 때 나온다는 엔도르핀endorphine은 뇌의 시상하부, 뇌하수체후엽 등에서 분비되는 모르핀morphine과 같은 진통 효과를 가지는 물질로 1975년 영국의 에버딘대학교 생화학자 코스터리츠 박사는 뇌에서 생성되는 엔케팔린enkephalin을 발견한 이후 다시 연구를 계속하여 아편과 같은 작용을 하면서도 모르핀보다 200배 더 강한 물질을 발견하고 이것을 체내의 모르핀endogenous morphine이라는 의미로 엔도르핀이라고 명명했다.

베타 엔도르핀, 감마 엔도르핀, 알파 네오 엔도르핀, 다니놀핀, 프로엔케팔린 등의 다양한 엔도르핀이 속속 보고되었다. 엔도르핀은 지금까지 알려졌던 중독성이 있는 진통제와는 다른, 중독이 되지 않는 천연진통제.

그런데 문제는 엔도르핀이 체내에서 자동적으로 생성되는 것이 아니라는 것이다. 이것은 마음의 상태와 관계가 있다. 마음이 기쁘고 즐거우면 엔도르핀이 많이 생성되지만, 우울하고 속상하면 엔도르핀과 정반대의 효과를 내는 아드레날린이 생성된다. 아드레날린의 과다분비는 심장병, 고혈압, 노화촉진, 노이로제, 관절염, 편두통 등의 원인이 된다는 연구 논문들이 발표되고 있다. 그리고 한 번 분비된 엔도르핀의 절반은 대개 그 효과가 5분 정도에 그친다. 그러므로 계속하여 체내에서 엔도르핀의 효과를 얻기 위해서는 즐거운 마음, 유쾌한 생각을 가져야 한다. 웃음은 엔도르핀을 생성시키는 가장 효과적인 촉진제다.

엔도르핀은 웃을 때나 즐거울 때 분비된다고도 하고, 심한 육체적 고통을 겪고 있거나(출산, 외상, 격렬한 운동 등) 정신적 스트레스를 받을 때 이를 견뎌내기 위해 분비하는 항스트레스 물질이며 죽음 직전에 가장 많은 엔도르핀이 분비되어 최고의 진통 효과를 발휘한다.

실제로, 이 때문에 우리나라에서도 2001년부터는 웃음치료사 자격증 제도를 개설해 웃음치료를 시작한 병원들도 등장하고 있다.

Tip!

웃음이 주는 의학적 요소(코스터리츠박사, 1975) [2]

- 한 번 웃는 것은 에어로빅 운동을 5분 동안 하는 운동량과 같다.
- 뇌하수체에서 엔돌핀, 엔켈팔란과 같은 자연 진통제가 생성한다.
- 부신에서 통증, 신경통 등의 염증을 낮게하는 화학물질이 나온다.
- 동맥이 이완되었기 때문에 혈액 순환이 잘되고 혈압이 내려간다.
- 신체의 긴장을 완화시켜 준다.
- 스트레스, 분노, 긴장의 완화로 심장마비를 예방한다.
- 뇌졸증의 원인이 되는 순환계의 질환을 예방한다.
- 암 환자의 통증을 경감시킨다.
- 3~4분의 웃음은 맥박을 배로 증가시키고, 혈액에 많은 산소를 공급해 준다.
- 가슴, 위장, 어깨 주위의 상체 근육이 운동을 한 것과 같은 효과를 준다.
- 소화기관을 자극해 준다.
- 몸의 온도를 적정 수준에 오게 한다.

진짜 미소
vs. 가짜 미소

미소에도 소위 '진짜 미소'와 '가짜 미소'가 있다. 실제로 〈FBI 행동의 심리학 (마빈 칼린스, 조 내버로 저 – 박정길 역, 리더스북)〉에서는 가식 적인 미소가짜 미소와 진짜 미소에 대해 거론하고 있다.

진짜 미소를 잘 보여 주는 예가 바로 18세기 프랑스의 신경생리학 자 기욤 뒤센이 언급한 '뒤센 미소Duchenne's Smile'와 '넌뒤센 미소Non-Duchenne's Smile'일 것이다. 뒤센은 사람이 활짝 웃을 때는 광대뼈와 눈꼬리 근처의 근육이 움직여 미소를 짓는다는 것을 발견했다. '뒤센 미소'는 바로 '도저히 인위적으로는 지을 수 없는 자연스러운 미소'를 말한다. 마음으로 우러나는 진정한 행복이 바로 뒤센 미소로 표현되는 것이다. 여러 가지 웃음과 미소가 있지만, 그 중에서도 행복한 미소는 따로 있는데 바로 진정한 미소로, 입과 눈이 함께 웃는 것이다. 입술 끝이 위로 당겨질 뿐만 아니라 두 눈이 약간 모아질 때, 그래서 눈가에 주름이 나타나고 두 뺨의 상반부가 들려질 때 얼굴은 행복한 상태를 나타낸다. 이때는 눈가의 괄약근이라고도 불리는 안륜근눈 주위 근육이 함께 수축된다.

이에 비해 '넌뒤센 미소Non-Duchenne's Smile' 즉, 가짜 미소의 대표적인 예가 바로 '팬암 미소Pan American Smile'인데, 예전에 미국 항공사 팬암사의 승무원들이 공식적으로 웃는 미소가 억지 웃음과 같아, 팬암 미소라고 불리게 된 것이다. 이 미소의 특성은 입은 웃지만 눈은 웃지 않는 바로 그런 부자연스러운 미소였다.

실제로, 뒤센 미소는 전두엽의 왼쪽 앞부분의 활성화와 연관이 있는데, 이 부위는 긍정적인 감정 경험을 하는 동안 선택적으로 활성화된다고 한다. 특히 이 미소의 특성은 얼굴 양쪽으로 근육을 움직이는 강도가 균형을 이루는 경우가 많으며, 이에 비해 넌뒤센 미소는 뇌의 오른쪽 앞부분의 활성화와 연관이 있는데, 이 부위는 부정적인 감정 경험과 연관이 있다고 한다. 생후 10개월 된 아기는 엄마가 다가갈 때 환한 얼굴로 뒤센 미소를 짓는 반면 낯선 사람이 다가가면 경계하는 넌뒤센 미소를 짓는다고 한다. 그 외에 몇몇 연구 결과에 따르면, 이 두 가지 미소는 외형상으로는 짧게 2~3초간 눈 주위 근육의 움직임에서만 차이를 보이는 것 같지만, 실제로는 아래와 같이 전혀 다른 감정 경험을 나타낸다고 한다.

	뒤센 미소	넌뒤센 미소
즐거움	.35*	−.25*
화	−.28*	.09
고통	−.49*	−.16
두려움	−.31*	.04

뒤센 미소와 넌뒤센 미소에 담긴 감정 (출처 : [선의 탄생] [3])

캘리포니아의 폴 애크만이라는 심리학 교수가 동료 교수들과 이러한 미소에 대해서 연구를 했다. 미소를 짓는다는 것, 즉 웃는다는 것이 우리의 실생활에 어떤 영향을 미칠까 하는 호기심으로 여대생 71명을 상대로 두 가지 방식으로 웃는 것을 구별해 보았다. 한 그룹은 활짝 웃는 '뒤셴 미소 그룹', 다른 그룹은 입꼬리만 살짝 올라가는 '팬암 미소 그룹'. 이렇게 무려 30년을 양 그룹의 여대생들을 추적해 그들의 인생이 어떻게 달라지는지를 연구했다. 놀랍게도 그들 그룹은 많은 차이가 났는데, 한 그룹이 행복, 건강, 수입 모든 면에서 훨씬 높았다고 한다. 그 그룹은 당연히 활짝 뒤셴 미소를 짓는 첫 번째 그룹이었다고 한다.

[선의 탄생][3]에서는 미소는 50~60미터 밖에서도 볼 수 있으며, 과학적으로도 밝혀졌듯이 뇌의 보상중추를 활성화시킨다고 말하고 있다. 실제로 미소를 짓는 사람이나 미소를 보는 사람 모두에게 스트레스와 관련된 생리 증상은 완화된다.

코이케 류노스케의 저서 『생각 버리기 연습』 (유윤한 역, 21세기북스) [4] 이란 책의 마지막 부분에 나온, 한 유명한 뇌과학자와의 대담 내용을 살펴보자. 흥미로운 내용 중 하나가 볼펜을 가로로 물고 '이~'하면서 입꼬리가 올라가게 되는 모양을 한 채 어떤 작업을 하면, 작업 성취도나 효율이 더 좋아진다는 실험 결과가 나왔다는 사실이다. 이 실험에 의하면, 재미있어서 웃는 것이 아니라 단지 입꼬리만 올렸을 뿐인데도 뇌에서 웃는 것처럼 반응하게 되어 더 좋은 결과를 가져왔다는 것이다. 이렇듯 단순히 근육의 움직임만으로도 뇌에서 마치 웃는 것처럼 반응할 수 있다는 것은 놀라운 사실이다. 이렇게 본다면 미소를 짓는 연습이 얼마나 중요한 것인지 잘 알 수 있을 것이다.

현대사회의 질병,
스마일 증후군

'마음'으로 웃어야 한다.

영화 〈배트맨〉에 나오는 조커의 얼굴처럼, 미소 짓는 얼굴이라고 해서 항상 행복한 것은 아니다. 조커는 웃는 얼굴이 즐거움을 대변할 수는 없음을 여실히 드러내 주는 캐릭터다. 미소에 대한 강박관념으로 나타나는 현대사회의 질환 중 하나가 '스마일 마스크 증후군'과 '스마일 페이스 증후군'이다.

🌱 … 스마일 마스크 증후군 (Smile Mask Syndrome)

• 얼굴은 웃고 있지만 마음은 절망감으로 우는 사람이 가지는 증후군. '숨겨진 우울증'이라고도 하는 이 증후군은 겉으로는 웃고 있지만 속은 우울증으로 인해 심하면 자살까지 생각하게 되며, 식욕·성욕 등이 떨어지는 등 다양한 증상으로 나타난다. 주로 업무나 가족으로부터 받

는 스트레스와 억압으로 인해 나타나며, 일종의 우울증에 속한다.

• 의학적 용어로는 가면성 우울증으로 불리며 식욕이 감퇴되거나 매사에 재미가 없고 의욕이 떨어지며 피로감·불면증 같은 증세가 나타난다. 주로 인기에 대한 불안감을 가진 연예인, 고객을 많이 대하는 세일즈맨, 경쟁의 성과에 내몰린 직장인들이 많이 가지고 있다.

스마일 마스크 증후군 테스트

1. 스스로 실패자라고 생각한다.
2. 미래에 대해 비관적이다.
3. 자꾸만 죄책감이 든다.
4. 모두 내 잘못인 것 같은 생각이 든다.
5. 이상이 만족스럽지 않다.
6. 자꾸 슬퍼진다.
7. 자살을 생각해 본 적이 있다.
8. 다른 사람들 보다 내가 못났다는 생각이 든다.
9. 다른 사람에게 관심이 없다.
10. 내 자신이 실망스럽다.
11. 화를 자주 낸다.
12. 일 할 의욕이 없다.
13. 주위에 집중하지 못한다.
14. 쉽게 피로감이 느껴진다.
15. 건강에 자신이 없다.
16. 내 자신이 추하게 느껴진다.
17. 식욕이 감퇴된다.

18. 급격히 몸무게가 줄어들었다.

19. 잠을 잘 들지 못한다.

20. 평소에 잘 운다.

점수합산

매우 그렇다. 3점 / 그렇다. 2점 / 그런편이다. 1점 / 아니다. 0점

0~10점	우울증 의심 여부 없음
11~20점	가벼운 우울증 증세 보임
21~30점	상당한 우울증 증세가 보임, 전문가와의 상담권유
31점 이상	아주 극심한 우울증세가 보이므로 꼭 전문가와의 상담 필요

🌱 ··· 스마일 페이스 증후군 (Smile Face Syndrome)

자신의 감정을 드러내기는커녕 항상 웃어야 하는 입장에 처한 사람이 겪는 우울증을 가리키는 말. 주로 '고객만족경영'을 최우선의 가치로 내세우는 유통 업체 직원들이 이 증세로 고생하는 경우가 많이 있다. 대표적인 증상은 소화불량, 불면증, 잦은 회의감과 무력감 등이다.

[참고자료] 매일경제[5]

미소의
다양한 의미

미소에 해당하는 영어 단어가 '미소smile', '싱긋 웃음grin', '선웃음 smirk', '환한 표정beam' 등 여러 가지로 나뉘는 것처럼, 실제로 각 미소가 의미하는 바는 매우 다르다.

미소에 숨겨진 감정emotion도 다르다. 보통은 즐거운 감정이 미소를 짓게 만들지만, 여러 동물은 위협과 경고의 의미나 복종의 의미로 이빨을 보이는 행동을 하기도 하는데, 마치 사람이 미소를 지을 때 치아를 드러내는 것과 모습은 유사하다. 하지만 침팬지가 이빨을 보이는 것은 오히려 두려움과 공포의 표현이다. 사람 중에도 긴장하거나 당황하고 화가 났을 때 오히려 미소를 짓는 경우가 있다.

이렇듯 미소를 짓는 것이 늘 긍정적인 표현인 것은 아니다. 어떤 문화에서는 오히려 부정적이거나 거부감을 나타내기도 한다. 실제로 너무 크게 미소를 짓는 경우는 가벼워 보이거나 신뢰감이 떨어져 보이기도 한다. 또, 일본에서는 화가 나는 상황에서도 미소를 짓기도 하고, 그 외 일부 아시아 문화권에서는 당황스러울 때 미소를 짓기도 한다. 동남아시아나 인도 문화권에서는 아프거나 당황한 기색을 감추기 위해 일부러 미소를 띠기도 한다.

한편 너무 헤픈 미소는 섹스 어필로 여겨져 금기시되는 경우도 있다. 또 친근감의 표현으로 가족이나 가까운 친구들에게만 제한적으로 미소를 짓는 경우도 있다. 심지어, 구소련에서는 공공장소에서 미소를 짓는 것은 이상한 행동으로 여겨져 의심을 받기도 했다. 그래서 미소 지을 일이 있으면 살짝만 짓는 경우가 많았다.

한편 사람들은 보상을 받을 때도 웃지만 처벌을 받을 때 웃기도 한다. 경기에 이겨도 미소를 짓지만, 중요한 경쟁에서 패한 경우에도 씁쓸한 미소를 짓는다. 『인간딜레마』(이용범 저, 생각의 나무, 506페이지)[6]에 의하면, 우리는 언어만이 아니라 표정을 가지고도 거짓말을 하며, 이 중 미소가 가장 많이 사용되는 가면이라고 했다. 인간은 거짓으로 미소를 지어 공포, 분노, 좌절 역겨움 같은 부정적 감정들을 위장할 수 있다고도 했다.

[출처] 여러 가지 논문 자료 [7][8][9][10][11]

키스를 부르는
마법의 미소

"Do you know 'Perfect Smile' brings a Kiss from the world?"
키스를 부르는 마법의 미소, 그 마법은 바로 아름다운 미소에 있다.

미소는 화를 내거나 인상을 찌푸리는 것보다 훨씬 적은 에너지를 들이고, 훨씬 적은 수의 근육만으로도 만들 수 있다는 여러 보도자료가 있다. 그만큼 쉽게 미소를 지을 수 있다는 의미일 것이다.

Tip!

Smiling muscles
VS frowning muscles의 개수에 대한 의견 [12]

One deep – fried – Zen adage advises: "It takes 13 muscles to smile and 33 to frown.
Why overwork?"

(The Washington Post, 5 December 1982)

"You know the old adage that it only takes 10 muscles to smile but it takes 100 to frown." she said.
(The New York Times, 19 April 1987)
According to doctors we use only four muscles to smile, but when we frown we use 64 myscles – 16 times more.

(The Hindu, 11 March 2000)

It takes four muscles to smile, 20 to frown and roughly 317 to appear amused when a Celine Dion imitator, who happens to be a man, sings a song about, er, flatulence.

(The Denver Post, 29 September 1998)

It's easier to smile than to frown. A smile uses 17 muscles, a frown, 43

(Milwaukee Journal Sentinel, 24 February 1997)

Right there, you commit to selling to all employees – at cost, not a nickel of markup – company T-shirts that say, "It only takes one muscle to miscle to smile and 37 muscles to frown."

(St. Louis Post-Dispatch, 24 April 1995)

Don't they know it is said you use 35 muscles to frown and four to smile? why tire yourself?

([Queensland] Sunday Mail, 18 August 1991)

Sonny Smith, Auburn's basketball coach, on his dour counterpart at the University of Alabama: "It takes 15 muscles to smile and 65 muscles to frown. This leads me to believe Wimp Sanderson is suffering from muscle fatigue."

(The New York Times, 16 December 1986)

It takes 72 muscles to frown — only 14 to smile!"

(Encyclopedia of 7700 Illustrations., 1979)

미소를 짓는 데 쓰이는 근육은 다음과 같이 총 7~8종인데, 우리나라 사람들의 경우 입 주위 근육에선 한쪽당 3-4개만이 미소 짓는 데 쓰이는 경우도 있다. 이런 모든 근육이 체계적으로 활성화되면 보다 자연스럽게 웃게 될 것이다.

- Zygomaticus major : 대협근
- Zygomaticus minor : 소협근
- Levator labii superioris : 윗입술올림근
- Levator anguli oris : 입꼬리올림근
- Triangularis : 입꼬리내림근
- Depressor labii inferioris : 아랫입술내림근
- Risorius : 미소근, 입꼬리당김근
- Orbicularis oculi : 눈둘레근육

여기서 주의할 점은 눈 주위 근육인 Orbicularis oculi눈둘레근육이 미소를 만드는 데 쓰인다는 점이다. 또한, 슬픈 표정을 지을 때 쓰이는 것으로 알려진 Triangularis입꼬리내림근이 발달한 경우는 웃을 때 입꼬리가 오히려 내려가는 경우도 있다. 양쪽에 위치한 Risorius미소근, 입꼬리당김근는 보조개를 만드는 데 쓰이는 근육으로 알려져 있는데, 미소를 지을 때 필요한 근육으로 분류하지 않는 경우도 있다. 보조개는 미소의 산물로 나타나는 것이고 보조개가 있는 사람과 없는 사람이 있다는 점에 주의하자. 이외에도 어떤 사람은 웃을 때 오히려 미간이나 콧잔등이 찌푸려지는 사람도 있다. 이런 경우에는 이 부위에 선택적으로 보톡스를 시술해 주면 좀 더 예쁜 미소를 지을 수 있을 것이다.

어쨌든 이러한 미소는 몇 가지의 근육을 이용한 일종의 운동이라고 할 수 있다. 야구 선수가 매번 연습으로 야구에 필요한 근육을 발달시키듯이, 미소도 연습을 거듭하면 미소를 짓는 데 쓰이는 근육이 자연스레 발달하면서 더욱 예쁘고 환한 미소로 거듭날 수 있다.

미소의 4단계와
다양한 분류

미소를 형성하는 과정은 다음의 4단계로 이루어진다. 특히 4단계에서는 입으로만 웃고 있는 것이 아니라 눈도 같이 웃음에 영향을 미치고 있음에 주목하자.

🌱 ··· 4 stages of Smile (미소의 4단계)

1단계 : 입술 닫힘 (Lip closed)
2단계 : 긴장 없이 제자리에 잠시 위치함 (Resting display)
3단계 : 3/4 정도의 자연스러운 미소 (3/4 Natural smile)
4단계 : 확장된 미소 (Extended smile; Full smile)

| 1&2단계 | 3단계 | 4단계 |

🌱 ··· 3 styles of Smile (Baker, 1979)

미소를 일반적으로 작은 미소1/3 smile, 중간 미소1/2 smile, 커다란 미소full smile 등으로 나눌 수도 있지만, Baker분류법에 의하면 smile은 Commisure smile, Cuspid smile, Complex smile로도 분류하고 있다. 이러한 분류는 미소를 형성하는 근육의 영향과 관련이 있다.

A. Commisure smile은 67%의 사람에서 나타나는 미소다. 일명 '모나리자 미소Monarisa Smile'라고도 불리며, 할리우드 배우를 비롯한 대부분의 연예인들이 환하게 웃을 때 나타나는 미소 타입이다. 웃을 때 대협근이 주로 작용하면서 윗입술의 입 꼬리를 외상방으로 들어올려 윗니만 자연스럽게 보이는 경우이다. 7~22mm 정도 대칭적으로 벌어지며 아랫입술을 내리는 근육은 거의 작용하지 않는다.

B. Cuspid smileCanine smile, 송곳니 미소은 31%를 차지하며 윗입술올림근levator labii superioris의 도드라진 작용으로 송곳니가 먼저 보이고, 다음으로 구각부 근육의 수축으로 입술이 외상방으로 들린다. 하순을 아래로 당기는 근육이 약하게 작용하므로 구각 부위의 입술 라인이 송곳니 부위를 지나면서 하방으로 다시 떨어져 다이아몬드형 미소 선을 형성한다. 할리우드 배우나 미스코리아들 중에서도 송곳니까지도 보이는 미소를 지닌 경우라면 이 타입에 해당한다.

C. Complex smileFull denture smile, 전체 치아 미소은 웃을 때 큰 어금니들molar teeth을 포함한 모든 치아가 노출된다. 윗입술을 당겨 올리는 모든 근육들과 아랫입술을 당겨 내리는 모든 근육 즉, 윗입술올림근, 구각부올림근, 아랫입술내림근이 모두 강하게 작용하여 넓은 목근육platysma muscle도 상당히 작용한다. 윗입술은 상방으로, 아랫입술은 아래로 내려가는 미소 선. 윗니와 아랫니가 동시에 보이는 경우로, 겨우 2%에 불과하다.

A. Commisure Smile   B. Cuspid Smile   C. Complex Smile

🌱 ··· 5 types of Smile

미소의 결과로 보이는 치아에 따른 또 다른 분류법이 있다.

Type 1

윗니만 보이는 경우 대부
분의 연예인이 이러한 미소
타입을 지니고 있다.

Type 2

윗니와 3mm 이하의
잇몸이 보이는 미소타입
※Gummy Smile(거미스마일):
3mm 이상 잇몸의 노출이 보일 경우

Type 3

아랫니만 보이는 경우 우리
나라 중년 남성들 중에는
이렇게 웃는 경우가 많다.

Type 4

윗니와 아랫니
모두 보이는 경우

Type 5

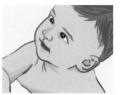

윗니와 아랫니가
모두 보이지 않는 경우
치아가 없는
영유아나 무치악노인

- 타입 1은 윗니만 보이는 경우로, 대부분의 연예인이 이러한 미소 타입을 지니고 있다.
- 타입 2는 윗니와 3mm가량의 잇몸이 보이는 미소 타입이다. 여기에 잇몸이 3mm 이상 노출되면 Gummy smile거미 스마일로 따로 분류하고 있다.
- 타입 3는 아랫니만 보이는 경우로, 우리나라 중년 남성들 중에는 이렇게 웃는 경우가 많다.
- 타입 4는 윗니와 아랫니 모두 보이는 경우로, 윗니만 보이게 웃는 타입1과 2에서 크고 환하게 웃으면 아랫니까지 보이는 타입4의 미소로 변하기도 한다.
- 타입 5는 윗니와 아랫니가 모두 보이지 않는 경우인데 치아가 없는 영유아나 무치악 노인이 그런 경우이다. 실제로, 잘 웃지 않거나 입을 다물고 웃는 사람의 경우 항상 Type 5인 것은 아니다. 무치악인 경우라도 틀니를 끼고 웃으면 단번에 다른 Type의 미소로 변하게 된다. 이렇게 본다면, 한 사람에게서도 다양한 미소를 찾아볼 수 있다.

하단의 이미지에서 좌측의 미소는 윗니만 보이는 미소이며, 자연스러운 미소이기에 Commisure Smile이자, Stage III + Type 1의 미소이지만, 우측은 환하게 웃으면서 아랫니도 동시에 보이는 미소가 되어 전혀 다른 분류인 Stage IV + Type 4가 된다.

commisure Smile
Stage III, Type 1

complex Smile
Stage IV, Type 4

어떤 사람도 동일한 미소를 지니고 있지는 않지만, 연습과 수정을 통해서 얼마든지 자신만의 아름다운 미소를 완성할 수 있다.

키스를 부르는 마법의 미소, Smile Design
Perfect smile line 개선 프로젝트

Part
03

Perfect
smile line

얼굴의 황금비율
(Golden Ratio)

　요즘 '동안 페이스'니 '얼굴의 황금비율'이라는 용어를 한 번쯤은 들어 봤을 것이다. 겉으로 보여지는 이미지인 외모가 시대가 지날수록 중요해 진다는 점을 반영해 생긴 결과인데, 이런 황금비율이라는 기준으로 모든 사람의 얼굴을 짜 맞추는 것은 불가능하지만 이 비율에 근접할수록 아름다워 보일 확률이 높다고 한다.

　'황금비율Golden ratio, 黃金比率'이란 기하학적으로 가장 조화로운 비율로서, 우리가 '눈으로 보는 어떠한 것이 가장 이상적으로 아름다워 보이는 비율'을 뜻한다. 실제로 황금비율을 지닌 대상을 볼 때 우리의 뇌는 안정감을 느끼고 아름답다고 여긴다고 한다. 이 황금비율은 보통 한 선분을 둘로 나누었을 때, 전체 길이와 긴 선분의 길이의 비가 긴 선분의 길이와 짧은 선분의 길이의 비와 같은 때로, 즉 짧은 선분 : 긴 선분의 비가 1:1.618이다. 물론, 사람마다 자신이 생각하는 황금비율이 다 다를 수 있겠지만, 일반적으로 고려하게 되는 황금비율이 있다. 먼저 얼굴은 좌우대칭이어야 하며, 다음 부위에선 1:1.618을 비율에 따른다.

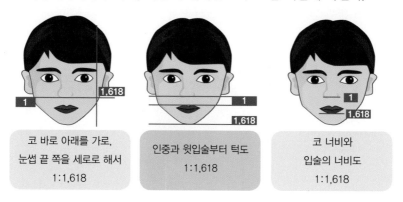

코 바로 아래를 가로,
눈썹 끝 쪽을 세로로 해서
1:1.618

인중과 윗입술부터 턱도
1:1.618

코 너비와
입술의 너비도
1:1.618

물론, 다른 기준 수치도 있다.

이마-눈썹(이마): 눈썹-코끝(중앙):코끝-턱끝(하관)의 비율은 1:1:1

그런데 이 비율이 최근엔 1:1:0.8-0.9로 변화하는 추세라고 한다. 즉, 코끝에서 턱끝의 길이가 짧아지고 있는데, 이는 동안 페이스 붐이 일어나고 어려 보이는 얼굴을 선호하면서 나타나는 현상으로 볼 수 있다.

그 외에는 다음과 같은 수치가 있다.

얼굴의 가로: 세로의 비율은 1:1.2-1.3 즉, 계란형의 얼굴이 선호되고 있으며
눈의 가로 폭: 눈과 눈 사이의 거리가 1:1:1
윗입술의 길이: 아랫입술의 길이가 1:2
눈과 입 사이의 수직 거리가 전체 얼굴 길이의 36%
눈과 눈 사이의 수평거리가 얼굴 폭의 46%
코의 폭은 코의 길이의 64-70% 정도일 때라고 한다.

이러한 비율을 생각한다면, 이목구비가 크고 뚜렷한 것도 좋지만 작은 눈, 코, 입을 가졌다 해도 얼굴의 황금비율에 잘 들어맞는다면 아름다운 얼굴이 될 수 있다는 뜻이다. 시대에 따라서 이러한 황금비율은 변하기도 한다.

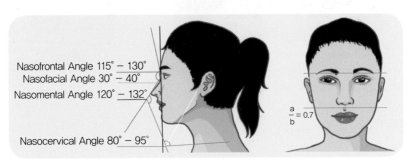

Nasofrontal Angle 115° – 130°
Nasofacial Angle 30° – 40°
Nasomental Angle 120° – 132°
Nasocervical Angle 80° – 95°

$\frac{a}{b} = 0.7$

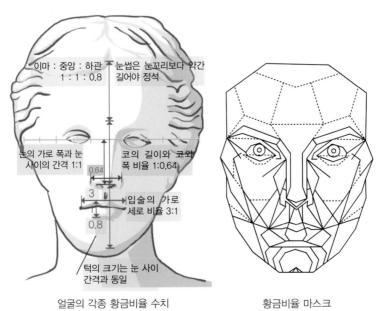

이마 : 중앙 : 하관
1 : 1 : 0.8

눈썹은 눈꼬리보다 약간 길어야 정석

눈의 가로 폭과 눈 사이의 간격 1:1

코의 길이와 코와 폭 비율 1:0.64

0.64

3

0.8

입술의 가로 세로 비율 3:1

턱의 크기는 눈 사이 간격과 동일

얼굴의 각종 황금비율 수치

황금비율 마스크

심미라인
(E-line)

🌱 ··· Rickett's E-line

1957년 고안된, 리케츠Ricketts의 E-lineEsthetic line, 심미선, 미인선은 심미적인 얼굴을 분석하는 방법 중 가장 많이 알려진 방법이다. E-line은 쉽게 말해 코끝에서 턱끝연조직 Pogonion을 연결한 선이며, 이 기준선과 위, 아랫입술과의 거리를 통해 입술의 전후방 위치관계, 즉 입의 돌출 정도를 확인한다.

다만, 이 수치는 서양인과 동양인에서 많은 차이가 난다. 서양인은 코가 높고, 턱끝도 발달한 경우가 많아, E-line에 대해 윗입술은 4mm, 아랫입술은 2mm 정도 후방에 있는 것이 가장 이상적이며, 남성에서는 여성보다 더 후방에 위치한다. 이에 반해, 동양인, 특히 한국인은 윗입술은 1-2mm 정도 후방에 위치하고, 아랫입술은 닿는 정도가 코와 턱끝의 상호적 위치관계에서 좋다고 한다.

이 수치는 교정치과나 성형외과 등에서 매우 중요한 수치로 쓰이지만, 최근의 추세는 보다 서구적인 심미선을 따라가려고 하는 추세다. 이 때문에 치아교정을 하거나 코를 높이는 융비술과 아래턱 끝을 도드라져보이게 하는 술식들이 행해지고 있는 것이다.

그 외에, 1967년 Burston이 고안한 Horizontal Lip Position안평면이 있는데, subnasale비하점와 연조직 pogonion하악전돌점을 잇는 선을 기준으로 위, 아랫입술의 위치를 표현하는 수치이다. 윗입술은 3.5mm, 아랫입술은 2.2mm 전방에 위치하는 값을 기준으로 하고 있다.

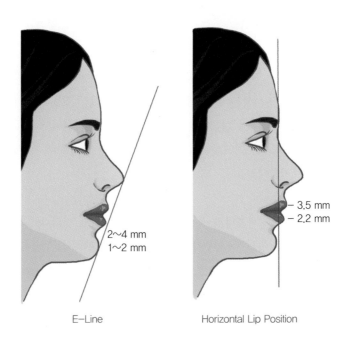

2~4 mm
1~2 mm

─ 3.5 mm
─ 2.2 mm

E-Line   Horizontal Lip Position

가장 쉬운
E-line 획득법, 턱끝수술

턱끝수술은 턱끝의 형태가 뾰족하게 튀어나와 있거나 안으로 들어간 경우, 턱끝의 길이가 길거나 짧은 경우, 또는 턱끝이 삐뚤어져 있는 경우에 턱 끝 부위를 절제하여 원하는 위치로 바꾸어 주는 수술법이다.

턱의 전체적인 위치는 변화가 없으므로 치열에는 영향을 미치지 않는다. 따라서 부정교합이 있는 사람이라면, 이러한 턱끝 교정과는 별개로, 반드시 치아교정이나 부가적인 시술이 있어야 치아의 부정교합을 개선할 수 있다. 심미선이 연조직의 코끝과 턱끝연조직 Pogonion을 연결한 가상선인 만큼, 턱끝수술을 통해 심미선을 쉽게 변화시킬 수 있다. 실제로 돌출입인 경우, 치아의 발치교정과 함께 턱끝 수술을 하면 다른 수술법에 비해선 비교적 적은 비용으로 심미선이 개선되는 경우가 많다. 턱끝은 치과에서 수술 받을 수 있는 치료법이기도 하고, 턱끝수술시 턱끝을 나오게 하거나 들어가게 하기도 하고 턱끝 자체를 작게 만들기도 한다.

턱끝을 좁게 만드는 수술을 병행하면 간단히 'V라인'을 만들 수도 있다. 턱을 도드라져 보이게 하는 간단한 시술로는 필러 시술이 있다. 그 외 심미선 개선을 위한 시술에는 소위 '양악수술'이라고 불리는 악교정 수술이나, 성형외과나 이비인후과에서 하는 '융비술코를 세우는 성형수술'을 병행해, 심미선을 개선하는 수술도 있다. 이 모든 것은 치과용 엑스레이 Cephalometry 등을 이용해, 면밀한 진단과 분석을 통해 비교적 간단하게 치료계획이 수립될 수 있을 것이다.

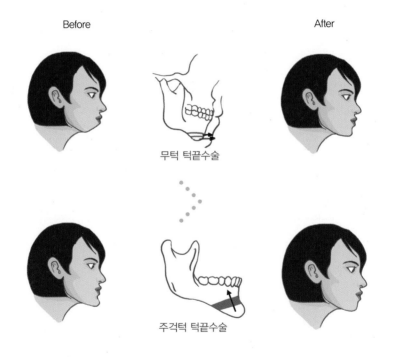

Before

After

무턱 턱끝수술

주걱턱 턱끝수술

　　다만 치아교정이나 치아성형을 계획하고 있다면, 이러한 턱끝교정술은 수술요법은 물론, 간단한 필러시술일지라도 치아교정 후로 미루는 것이 좋다. 치과치료 후, 옆모습이 변할 수도 있기 때문이다.

스마일라인
(Smile Line)

🌱 ··· Smile line

　스마일라인은 미소를 지을 때 웃을 때 앞니를 드러나게 하는 윗입술과 아랫입술이 만들어 내는 가상선을 의미한다. 미소를 지을 때 아랫입술은 윗니의 절단부를 연결하는 선과 대체적으로 일치하거나 평행하다. 하지만, 실제로 스마일라인은 윗입술의 하연Smile line과 아랫입술의 상연Gum line을 연결하는 미소라인 전체를 의미하는 용어로 보면 된다. 스마일라인이 U자형의 선을 그리면 더욱 매력적으로 보인다.

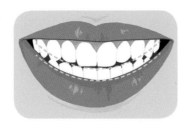 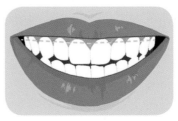

실제로, '스마일 메이크오버Smile makeover'시 이루어지는 치아의 길이, 잇몸의 높이 등이 모두 이 스마일라인에 의해 결정되는 경우가 많다. 치과 치료 중 치아교정, 치아성형이나 라미네이트, 잇몸 성형이 이에 해당한다. 반면, 치아의 길이나 모양이 달라지면 스마일라인이 변하는 경우도 있어 이를 잘 활용하면, 아름다운 스마일라인을 형성해 줄 수 있다.

입술의 모양과 두께, 치아의 색상과 배열, 공간 모두가 스마일라인을 구성하는 요소이다. 특히, 스마일라인에서 윗니는 75~100%까지도 노출된다[1]. 빠지거나 결손된 치아가 있거나 조화를 이루지 못하는 치아가 있을 때 스마일라인에 영향을 미치게 되며, 개인마다 다른 미소 타입과 볼의 형태, 전체 얼굴과 눈과의 조화 등이 모두 스마일라인과 관련하고 있다. 따라서 아름다운 미소를 위해서는 치아나 잇몸뿐만 아니라, 전체 얼굴과의 조화를 동시에 고려해야 할 것이다.

🌱 … 스마일라인의 분류

아랫입술의 상단은 윗니의 절단부와 일치하거나 평행하다. 만약, 이 라인이 납작하면, 더 나이가 들어 보인다. 어려 보이길 원하는 사람은 주로 앞니대문니를 조금 길게 해 달라는 주문을 해야 한다. 일반적으로 대문니는 송곳니와 위, 아래 총 길이가 같은 연장선상에 놓이고, 측절치는 위, 아래로 0.5mm 정도 차이가 나면 예쁘고 자연스러워 보인다.

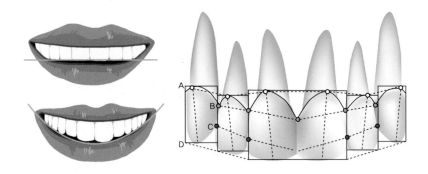

한편, 1987년 Curtis 등은 미소를 지을 때 윗입술과 윗니전치부, anterior parts 사이의 심미적인 위치 관계를 보고했다. 보통 스마일라인에서 윗입술의 하단이 상악 전치부의 치은연까지 노출되는 경우가 가장 심미적이라고 했다.

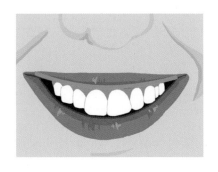

1999년 Ezaquerra 등(Ezquerra F, Berrazueta MJ, Ruiz-Capillas A, Arregui JS)은 윗입술과 치아 및 치간, 치은 사이의 관계로 미소를 분류했다. 즉, 윗입술의 하연inferior border에서 치아의 일부만 보이는 경우를 Low smile line낮은 미소선, 1~3mm의 공간이 있는 경우를 Medium smile line중간 미소선, 3mm 이상인 경우는 High smile line높은 미소선으로 분류했다.[2][3][4][5][6]. 아마도 Medium smile line이 가장 아름다워 보일 것이다.

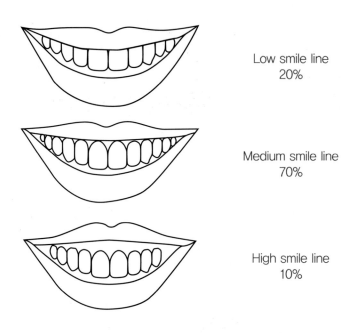

Low smile line
20%

Medium smile line
70%

High smile line
10%

    High Smile Line보다 더 심하게 잇몸이 노출되는 경우를 특히 잇몸 Gum이 도드라져 보이는 스마일Smile, 즉 '거미 스마일Gummy Smile'로 개별 분류한다.

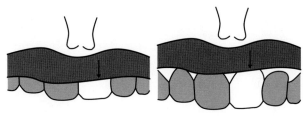

A. Low smile line   B. Medium smile line

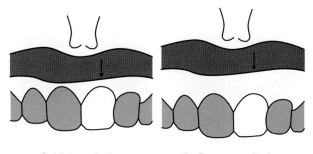

C. High smile line   D. Gummy smile line

이러한 거미 스마일도 스마일라인의 높이에 따라, 다음의 4가지 등급으로 분류할 수 있다.[8]

1-grade scale	Mild Gummy Smile	잇몸의 노출 정도gingival display가 치아 길이의 25% 이하일 때
2-grade scale	Moderate Gummy Smile	25-50%
3-grade scale	Advanced Gummy Smile	50-100%
4-grade scale	Severe Gummy Smile	100% 이상으로 심한 노출을 보일 때

〈 Gummy Smile Scale 〉

Mild(1-25%)   Modrate(25-50%)

Advanced(50-100%)   Severe (more than 100%)

(measured by the ghglval display as a percentage of tooth height)

완벽한 미소를
만드는 '스마일라인' 속 비밀

스마일라인이 윗입술과 아랫입술이 만들어 내는 가상선이라면, 그 속에 있는 것이 바로 스마일라인을 구성할 것이다. 위, 아래 입술은 물론, 치아와 잇몸이 바로 그것이다.

1) 수평적 배열

치아를 연결한 선이 지면과 평행하거나 눈을 연결한 선과 평행해야 한다. 만약 몇 개의 치아가 삐뚤삐뚤하다면, 스마일라인Smile line에서 제외한다.

2) 대칭성

이상적인 스마일라인은 얼굴의 중심 선에서 볼 때 대칭이어야 한다. 양쪽의 치아 수가 같아야 하며, 특히 웃을 때 보이는 치아 수와 크기 등의 비율은 일치해야 한다. 따라서 필요하다면, 치과적인 치료를 통해 수복해 줘야 한다. 만약 비대칭적인 미소를 지녔더라도 연습과 노력을 통해 대칭적인 미소로 바꿀 수 있다.

3) 미소 선 Smile line

스마일라인이란 치아의 절단연이 이루는 선으로, 주로 아랫입술의 곡선주행을 따른다. 이 라인이 곡선형이면 어려 보이는데, 치아가 마모되거나 나이가 들수록 이 라인이 편평해지기 때문이다. 남성보다는 주로 여성이 더욱 곡선형인 스마일라인을 지니고 있다.

4) 잇몸 선 Gum line

잇몸을 연결한 선은 윗입술을 따르며, 불규칙한 잇몸 라인은 비심미적으로 보이게 한다.

5) 부드러운 곡선형의 치아 절단

치아의 절단면은 둥근 편이다. 네모난 치아는 각이 져 보이고 답답해 보이게 된다. 특히, 후방에 있는 치아일 수록 더욱 둥근 형태인 것이 정상이다.

6) 초승달 모양의 잇몸 형태

치아와 잇몸의 경계 부위는 편평한 것보다 초승달 모양을 띨 때 더욱 심미적이다.

7) 6전치의 황금비율

정면에서 볼 때 대문니, 측절치, 송곳니는 각각 1.6:1.0:0.6 의 황금비율을 따른다. 이를 다시 환산하면, 측절치는 중절치의 약 65%, 송곳니는 측절치의 85% 정도로 보이는 것이 아름답다. 이 폭은 개별 치아의 크기가 아니라 정면에서 보이는 폭을 의미한다. (Prat 4. '앞니의 기능과 심미' 참조)

8) 치아의 비율

개개의 치아마다 특정한 비율이 있는데, 예컨대 대문니의 경우는 높이:넓이의 비율이 1:0.75-0.8이어야 한다.

9) 미소의 폭경

구각입꼬리 부위로 갈수록 좁아지는데, 크게 웃었을 때 구각부에 검게 보이는 빈 공간이 없어야 한다. 자칫 중요하지 않다고 넘어갈 수도 있는데, 입꼬리 부분까지도 보이는 사람이라면 금속 보철물보다는 세라믹 도재 보철물로 마무리해야 한다. 더욱 자신 있는 미소를 위해서는 이러한 부분도 치아교정이나 보철 치료를 할 때 매우 중요하다.

10) 치아의 치축 Axis inclination

절단부에서 잇몸까지 그은 치축이 바깥쪽으로 기울어 있는데, 전치부에서 견치부로 갈수록 경사도가 증가한다.

11) 치아의 접촉점 Contact point

정중치대문니에서는 접촉점이 최하단에 위치하다가 송곳니쪽으로 갈수록 올라간다. 치아의 모양이 접촉점에 영향을 미친다.

12) 절단부간 각도 Interincisal angle

전치부의 절단부 사이에서 작은 삼각형이 형성하는 절단부각이 존재하는 것에 유의해야 한다.

13) 입술의 모양과 풍융도

입술은 치아를 보여 주는 프레임이 되는 부로, 모양이나 풍융한 정도에서 전체적으로 이상적인 스마일라인을 형성해 줄 수 있어야 한다.

14) 건강한 잇몸

코랄 핑크의 옅은 분홍빛이 건강한 잇몸이며, 반면 선홍색의 너무 붉은 색은 잇몸이 붓거나 피가 나고 있음을 의미한다. 치간 유두는 'black triangle'과 같은 빈 공간 없이, 정상적으로 꽉 차 있어야 한다.

15) 갈매기형의 잇몸 및 치아 절단연의 배열

치아의 치은 상방부gingival margin는 대문니와 송곳니가 비슷하며, 측절치는 조금 낮은 게 좋다. 마치 갈매기처럼 보이는 가상선이 그려질 것이다.

또한, 치아의 절단 하방부incisal margin 부위도 마찬가지이며, 대문니에 비해 측절치의 절단부는 0.5mm 정도 위쪽에 위치하는 것이 이상적이다.

16) 중절치에서의 잇몸 선과 치간유두

중절치 부위의 잇몸 상단은 일치하고, 잇몸 상단부와 치간유두 사이의 길이:치간유두와 절단면까지의 길이의 비율은 47%와 53%인 것이 좋다.[9]

1. 수평적 배열

2. 대칭성

3. 미소선(Smile line)

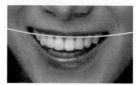

4.잇몸선(Gum line)

5. 곡선형의 치아 절단

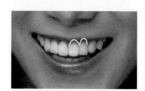

6. 초승달모양의 잇몸형태

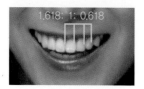

7. 6전치의 황금 비율

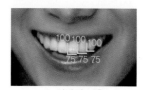

8. 치아의 비율

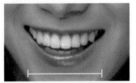

9. 미소의 폭경

10. 치아의 치축

11. 치아의 접촉점
(Contact point)

12. 절단부간 각도
(Interincisal angle)

13. 입술의 모양과 풍융도

14. 건강한 잇몸

15. 갈매기형의 잇몸 및
치아 절단연의 배열

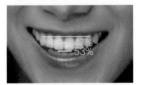

16. 잇몸 선과 치간유두

🌱 ⋯ Smile의 구성요소

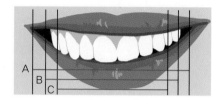

A. 스마일 폭경 (Smile Width)
B. 웃을 때 상악에 보이는 최외곽
   치아간의 거리
C. 상악 견치 (송곳니)간 거리

🌱 ⋯ Horizontal Smile Line

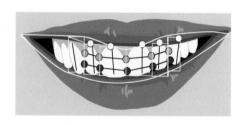

A. Cervical Line
C. Contact Points Line
E. Upper Lip Line
B. Papillary Line
D. Incisal Line
F. Lower Lip Line

키스를 부르는 마법의 미소, Smile Design
Perfect smile line 개선 프로젝트

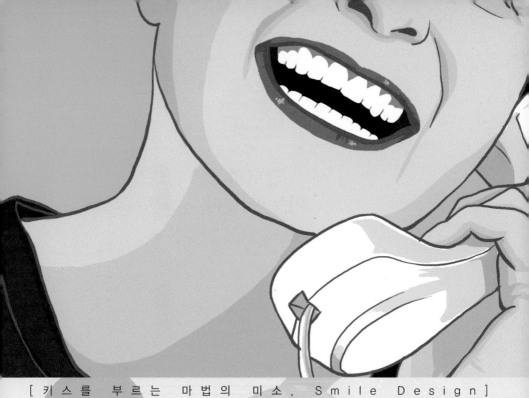

[키스를 부르는 마법의 미소, Smile Design]

Part
04

조화 속의
스마일라인

앞니의
기능과 심미

앞니의 가장 큰 기능은 바로 심미적인 부분일 것이다. 스마일라인에서 가장 먼저 보이는 것이 바로 앞니의 배열과 색상, 크기 그리고 조화다. 여기에 잇몸 선과 잇몸 색상도 한 몫을 할 것이다.

하지만, 이것 외에 발음할 때와 음식물을 삼킬 때 그리고 웃을 때나 숨을 쉴 때까지도 앞니의 기능은 매우 다양하면서도 중요하다. 위아래 구분 없이 앞니 중 몇 개만 없어도 스마일에 대한 자신감이 떨어질 수 있으며, 실제로 앞니가 가지런하게 다물어지지 않는 개방교합open bite 의 경우는 구호흡을 하는 상태와 같은 조건을 형성해 구강건조증을 유발하기도 한다. 구강건조증 상태의 치아는 타액에 의한 자정작용Self cleansing이 제대로 되지 않아 충치가 생기기 쉬운 환경을 조성한다. 이러한 상황은 앞니 사이의 틈새가 있는 경우에도 동일하다. 특히 개방교합인 경우는 앞니로 무언가를 물기 위해 턱에 과도한 힘을 주게 되거나 평소에도 어금니에 큰 힘을 주게 되어, 이악물기clenching와 같은 습관이 생기면서 턱 근육의 발달 및 턱 관절 통증은 물론, 어금니 부위의 외상성 교합traumatic occlusion[1] 을 일으키거나 부정교합을 일으킨다. 즉, 앞니는 전체 치열에 영향을 끼치는 것이다.

만약 과개교합deep bite인 경우에도 이는 마찬가지다. 앞니로 무언가를 물거나 정확한 발음을 위해서는 입을 정상적인 경우보다 많이 벌려야 하는데 이로 인해 부정교합은 물론 턱 관절 장애를 일으키는 경우가 많다.

물론, 앞니는 심미적인 부분에 대한 영향이 지대하다. 앞니의 정중선이 틀어진 경우나 앞니가 삐뚤거리는 경우에는 심미적인 문제가 커진다. 그 외에도 아무리 가지런한 치아라도 치아의 크기나 모양이 비정상적인 경우에도 웃는 것에 자신감을 잃을 수 있다. 어금니를 보는 경우는 없지만 앞니는 웃거나 미소 지을 때 바로 보는 치아이기 때문이다.

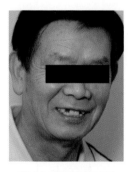
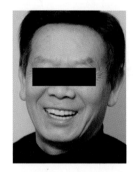

앞니가 빠진 상태에서의
어색한 스마일라인

앞니 임플란트 후, 자신감 있고
완벽해진 스마일라인

앞에서 이미 전치부의 황금비율Golden proportion에 대해선 언급을 했지만, 다시 한번 쉽게 이야기해 보면, 정면에서 보았을 때 각각

1:0.62:0.38인 경우라 한다Snow의 황금분석. 즉 이때가 가장 아름다워 보이는 비율이라는 것이다. 이러한 황금비율에서 본다면, 실제로 좌우 송곳니 사이의 공간에서 앞니 하나는 25%를 차지하는 것이 좋고, 측절치와 송곳니는 각각 15%,10%를 차지하면 된다는 것이다.

🌱 ··· Snow's Golden proportion

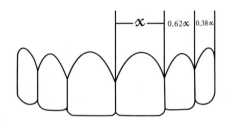

하지만, 1993년 Preston의 연구 결과에 따른 프리스톤 비율에 따르면, 그 수치는 확연히 달라진다. 이러한 황금비율을 가진 사람이 17%밖에 없었고, 실제 평균 수치는 각각 1:0.66:0.55를 나타내었다.

🌱 ··· Preston's proportion

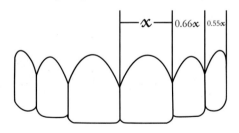

물론, 그 후에도 이 비율은 점점 변화하고 있다고 하니 자신의 치아가 이 비율과 맞지 않는다고 해서 좌절할 필요는 없겠다[2].

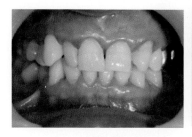 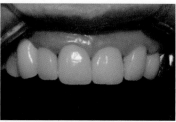

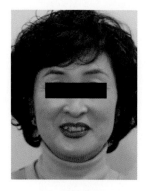 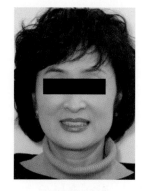

앞니 치아성형 전
비대칭적인 스마일라인

앞니 치아성형 후
대칭으로 변한 스마일라인

앞니와 어금니
간의 조화

앞니는 결국 어금니에 영향을 받는다. 앞니가 아무리 예쁘게 배열되어 있어도 치아 중 유치가 남아 있거나 어금니의 교합이 좋지 않으면 결국 앞니는 추후에라도 비뚜로 나게 된다. 게다가, 어금니 하나가 일찍 소실되는 경우에는 앞니 틈새가 생기거나, 어금니의 배열 문제로 앞니의 정중선이 틀어지거나 송곳니에 덧니가 생기기도 한다. 이러한 가장 큰 원인은 영구치의 경우 아랫니는 6세 구치라 불리는 어금니(제 1대구치)를 제외하고는 앞니부터 사랑니까지 순서대로 맹출하지만, 윗니는 송곳니가 다른 작은 어금니보다 늦게 맹출하면서 나중에서야 자리를 잡기 때문이다. 따라서, 어금니의 배열이 좋지 않다면 당연히 앞니의 배열은 불량할 수밖에 없다.

만약, 어금니가 하나 이상 솟구쳐 먼저 교합되고 있다면 앞니는 개방교합open bite이 될 것이고, 어금니의 교합이 낮다면 앞니는 과개교합

deep bite이 될 수도 있다. 이렇듯, 어금니와 앞니는 떼려야 뗄 수 없는 관계인 것이다.

너무 큰 어금니는 앞니의 공간 부족을 유발할 것이다. 실제로, 어금니를 포함한 모든 치아는 '근심 방향으로의 움직임'을 보이는데 즉, 정중선을 향해 점차적으로 움직인다. 대부분의 사람들이 어릴 때는 치아가 고른 편이었는데, 나이가 들면서 치아가 삐뚤거린다고 한다. 특별히 치아교정을 한 사람들도 이러한 현상이 나타나는데, 대부분의 경우에 치아교정 후 유지 장치를 착용하면, 이러한 증세를 방지할 수 있다. 최소한 앞니의 뒤틀림은 비교적 쉽게 유지 가능하다.

그리고, 사랑니의 맹출 전후로 치아가 삐뚤거리게 되었다고 하지만, 이것은 옳기도 하고 그르기도 하다. 왜냐하면, 사랑니 때문만이 아니라 나머지 전 치아가 움직이고 있기 때문에 삐뚤어진 것이 정답이다.

이렇듯, 앞니와 어금니와의 비율은 중요하다.

아랫니와 윗니, 혀,
입술 간의 조화

스마일라인 속의 앞니라고 하면, 대부분 윗니를 먼저 떠올릴 것이다. 하지만, 아랫니와 윗니의 조화도 매우 중요하다.

윗니는 말 그대로 아랫니의 배열에 의해 조성된다고 해도 과언이 아니다. 아랫니가 삐뚤거리면 대부분 윗니도 삐뚤거린다. 윗니 역시 아랫니의 배열에 영향을 미치기도 하지만, 치아의 맹출 순서만 봐도 아랫니에 맞춰 윗니가 순차적으로 맹출한다. 따라서, 윗니만 중요하게 생각할 것이 아니라, 아랫니 역시 중요하게 다루어야 할 것이다. 실제로 대부분의 보철 치료는 아랫니를 먼저 완성한 뒤, 윗니를 맞춰 끼워 넣는 형식이 되어야 좋다. 윗니를 먼저 해결해 놓고 난 뒤 아랫니를 배열하려고 하면 윗니를 다시 치료해야 하는 경우가 많다.

다행히, 아랫니는 윗니에 덮여 잘 안 보이기 때문에 스마일라인에서 크게 다루고 있지는 않지만, 아랫니가 정출한 경우extrusion에는 특히 윗니가 뻐드러질 가능성이 크다. 또한, 아랫니의 공간 부족crowding을 해결하지 않고 시행한 윗니 치료는 마찬가지로 결국 재치료의 가능성을 남겨 놓을 뿐이다.

만약, 웃을 때 나타나는 스마일라인이 아랫니까지 확연히 보이는 경우이거나 아랫니가 말할 때 도드라져 보이는 사람이라면 아름다운 미소를 만들기 위해서는 반드시 아랫니에도 적절한 치료를 병행해야 할 것이다. 대부분 스케일링이나 치아의 앞니 부분교정이나 간단한 심미 보철 치료만으로도 쉽게 치료가 가능하다.

아랫니 역시 발음에 지대한 영향을 미친다. 실제로, 양악수술을 통해 악궁의 공간을 줄인 경우, 발성이나 발음이 변할 수 있으므로 신중하게 수술을 결정해야 한다. 이러한 것은 아랫니나 아래턱에서도 동일한 결과를 유발하는데, 주걱턱 치료 중 발치 혹은 악교정 수술을 병행한 경우, 혀를 놓는 공간이 좁아지면서 발음할 때 불편감을 느낄 수 있다. 이러한 부정적인 결과를 예방하기 위해서는 아랫니와 혀 위치나 크기와의 조화 역시 중요하다.

가장 중요한 것은 입술인데, 입술은 스마일라인을 형성함과 동시에 입을 다물고 있을 때도 중요하다. 대부분의 경우는 입술의 위치는 윗니에 의해 결정된다. 윗입술은 물론, 아랫입술도 윗니에 의해 그 위치가 결정되는 경우가 많다. 물론, 윗니는 대부분 아랫니에 의해 결정되므로, 결국 아랫니가 윗니를, 윗니가 양 입술을 결정한다고 생각하면 되겠다. 이를 확인하기 위해서는 윗니의 위치가 어디에 놓여 있는지를 보고 반드시 연조직의 두께도 알아두는 것이 좋다. 이는 치과에서 간단한 세팔로 Cephalogram 방사선 촬영 분석을 통해 확인 가능한데, 드물게 아랫니만이 아랫입술에 영향을 미치는 경우도 있고, 입술이 너무 얇거나 두꺼운 경우도 있으므로 면밀히 관찰하면 도움이 될 것이다.

얼굴과의
조화

얼굴과의 조화도 무시할 수 없다.

너무 작은 얼굴에 커다란 치아나, 너무 큰 얼굴에 작은 치아도 밸런스가 좋지 못한 경우이다. 목의 길이조차 실제로 치아의 비율과의 관계에서 중요하며, 스마일라인에서 매우 중요한 요소가 된다.

얼굴은 대개 다음의 항목으로 관찰된다.

Facial Type

    □ Brachycepahlic   □ Mesocepahlic (Normocephalic)
    □ Dolichocepahlic

Sagital profile

    □ Convex   □ Straight   □ Concave

Asymmetry

□ Yes	□ No

Submental Fold

□ Small	□ Normal	□ Deep

NL angle

□ Acute	□ Average	□ Obtuse

Throat Length

□ Short	□ Normal	□ Long

대부분 우리나라 사람들은 단두형Brachycepahlic의 안모顔貌가 많지만, 최근에는 점점 중두형Normocephalic과 장두형Dolichocepahlic 얼굴도 늘고 있는 추세다.

얼굴에서 비대칭Asymmetry이 있는 경우에도 치아의 교합이 좋지 못한 경우가 많고, 아무리 치아가 가지런해도 얼굴의 비대칭이 있다면, 아름다운 스마일라인이 형성되지 않을 수도 있다. 하지만, 대부분 비대칭이 있는 경우에도 자연스러운 스마일라인을 잘 연습하면, 자신만의 아름다운 스마일라인을 만들어낼 수 있다. 실제로, 비대칭이 전혀 없는 사람은 없다는 것에 유의하자. 예컨대 2mm 이하의 정중선 불일치는 오히려 자연스러운 얼굴을 만들기도 한다. 그만큼, 자연스러운 미소도 가능하단 의미다.

반대로 치아의 정중선이 맞지 않은 경우에도 연조직이나 골격의 비대칭을 일으키는 원인이 되기도 한다. 이렇게 볼 때 아름다운 스마일라인은 모든 골격과 연조직, 즉, 얼굴과 치아, 입술 등 모든 구조의 조화 속에서 탄생하는 것이라 하겠다.

스마일디자인: 여성스러운 vs 남성스러운 vs 어려 보이는 스마일라인

실제로 여성스러워 보이는 스마일라인과 남성스러워 보이게 하는 스마일라인이 따로 있을까? 어려 보이게 하는 스마일라인은?

🌱 ··· 입술

일반적으로 윗입술과 아랫입술이 1:1.5의 비율로 도드라져 보이는 경우가 가장 매력적인 입술로 보인다고 한다. 일반적으로, 입술이 도톰할수록 여성스러워 보인다. 한때 유행하던 안젤리나 졸리Angelina Jolie처럼 입술이 도톰해지는 입술성형술은 여성스러움을 최대한 드러나게 하기 위한 시술이었다.

특히, 가운데 부위가 도톰할수록 더 어려 보인다.

🌱 ··· 치아

가장 쉽게 변화를 줄 수 있는 부분이 바로 치아다.

치아의 끝이 약간 둥글수록 여성스럽고 귀여워 보인다. 반면, 치아가 각져보일수록 남성답고 차분한 느낌이 강해진다.

송곳니는 많이 발달할수록 강인해 보인다.

그 외에 치아와 입술과의 조화에서, 중절치대문니가 측절치에 비해 긴 경우, 반대로 측절치가 작거나 짧은 경우 더 어려 보인다. 전체적으로는 작고 둥근 치아나 밝고 깨끗한 치아도 사람을 어려 보이게 한다.

🌿 … 잇몸

산홋빛이 도는 옅은 핑크빛의 잇몸이 건강한 잇몸을 대표하는 색상이다.

이것보다 붉은 빛이 많이 돌거나선홍빛 검거나 회색빛의 착색이 있는 경우, 또는 오히려 너무 옅은 분홍빛인 경우에도 나이가 들어보이거나 건강해 보이지 않는다.

대부분 웃을 때 윗니만 보이는 경우가 많은데(중절치가 75-100% 노출), 윗니가 적게 보일수록 나이가 들어 보이는 반면, 잇몸까지 보이는 경우 어려 보일 수는 있지만 단정한 인상과는 거리가 멀 수 있다. 그 외에 눈빛이나 눈웃음, 보조개가 생기는 경우 등에 따라서도 인상이 달라 보일 수 있다.

실제로 스마일은 전체 얼굴과 조화를 이룰 때에야 비로소 아름다울 수 있다. 따라서, 이러한 기준을 기억하면서 자신만의 스마일을 디자인 하는 것이 좋을 것이다.

Part
05

첫인상을
사로잡는 미소

사람의 인상은 생김새가 아니라 표정이다. 이 표정 관리를 어떻게 하느냐에 따라서 인상의 좋고 나쁨이 결정된다. 표정관리 또한 미소 Smile에서 시작한다. 앞서 언급한 것처럼, 미소는 웃음과 다르다. 미소는 웃음과는 달리, 타인에 의해 평가되는 경우가 많다. 이를 위해서는 어떤 미소든지 자연스럽게 지을 수 있는 것이 좋겠다. 미소는 주로 치아나 입술 등의 스마일라인의 디자인은 물론 눈에 의해서도 그 양상이 달라지며, 특정한 동작이나 말투에 의해서도 다르게 평가될 수 있다. 상황이나 사람에 따라서도 선호하는 미소가 다르다. 실제로, 중요한 미팅이나 심각한 회의 중 혼자 미소를 짓고 있으면 "왜 실실거리는 거지?"라는 비난을 들을 수도 있다. 미소의 효과는 매우 크지만, 그 상황에 맞는 미소를 짓는 것이 중요하다. 오래 만나 온 사이라면, 간혹 웃지 않는 모습을 보여도 무관하겠지만, 단 몇 초 안에 자신을 보여주기 위해서는 당연히 그 미소는 자연스러워야 하며 마음에서 우러나는 것이어야 한다. 그러기 위해서는 이미 미소가 생활 속에 배어 본인의 것이 되어 있어야 할 것이다.

면접관을
사로잡는 미소

면접은 일반적으로 20~30분 이하로 진행되고, 아무리 길어도 1시간 이내에 종료한다. 주어진 짧은 면접 시간 내에 지원자가 자사와 맞는 인재인지 아닌지를 판단해야 하므로, 첫인상으로 그 사람의 인품이나 능력까지 평가하게 된다. Part 1에서 언급한 '초두효과Primary effect에 따르면, 대부분 첫인상이 좋으면 '능력이 있는 사람' 혹은 '가르치면 될 만한 사람'으로 인식되고, 다음의 답변도 좋게 받아들여지게 될 것이다. 반면, 첫인상이 나쁜 사람은 아무리 훌륭한 답변을 해도 인상이 나쁘다는 선입견으로 답변에 대한 평가조차 하지 않는 경우도 있다 한다.

일단, 긴장하고 무뚝뚝한 표정보다는 여유 있고 자신감 있어 보이는 미소가 좋다. 신뢰성 있어 보이는 부드러운 미소도 좋다. 이를 위해선 면접관을 부드럽게 바라보는 것이 좋으며, 눈을 너무 부라리고 있어선 안된다. 오히려 강하고 고집 센 이미지를 줄 수 있기 때문이다.

질문을 받을 때는 면접관을 바라보고 경청하는 자세를 취해야 하고, 가급적으로 입꼬리를 올린 상태로 있으면 좋다. 이를 위해서는 많은 연습을 해야 한다. 또한 답변을 할 때는 면접관을 바라보며, 확실한 어조로 말해야 할 것이다. 말투가 딱딱한 것이 아니라, 분명한 어조로 말하라는 것이다.

이때 살짝 미소를 띠면서 말하게 되면 다정하고 친화력이 있다고 느끼게 될 것이다.

마지막 순간에는 큰 미소를 띠며 밝은 모습을 보여주는 것도 좋다.

말하면서 나타나는 미소

실제 면접에서 눈과 입의 미소는 비교적 유지되는 편이지만 면접관의 질문에 대답하는 과정에서 밝은 미소는 사라지고 얼굴이 굳어지는 경우가 많다. 특히 원래 얼굴 표정이 어두운 사람이 앞의 두 가지 항목만을 준비했다가 대답할 때 실제 자신의 표정을 드러내면 표정 변화가 심하다는 말을 듣기 쉽다.

말할 때 나타나는 미소는 미소의 완성이다.

승무원의
단아한 미소

승무원 하면 비행기 승무원을 주로 떠올릴 것이다. 이런 승무원은 한 결같이 친절하면서도 단아한 미소를 뽐낸다. 승무원의 미소는 승객을 안심시키고 보다 편안하고 기분 좋은 여행이 되도록 하게도 한다. 과도하게 웃는 것도 아니고 작은 어금니까지윗니 8개 드러나게 웃는 1/2 smile이나 full smile을 하는 경우가 많다. 입꼬리는 45도까지 살짝 올라가는 것이 상냥해 보이게 한다.

승무원을 준비하는 사람이면, 반드시 미소연습, 보이스트레이닝voice training, 시선맞추기eye contact를 연습해야 한다. 대화를 나누는 사람과의 시선맞추기는 필수이고 이때 눈빛은 선해 보이도록 연습한다. 어조역시 차분하고 친절하면서도 분명한 어투여야 한다.

"위스키Whisky~ " 나 "쿠키~", "김치~", "개구리뒷다리~" 등을 발음해보자. 특히 마지막 단어에 붙은 "–이"발음을 조금 길게 발음하면(10초 정도 유지) 환한 표정이 자연스럽게 이루어진다. 눈썹을 올리면, 훨씬 밝은 표정이 나타난다. 하지만, 가장 밝은 표정은 아기를 쳐다보며, "까꿍!"할 때의 바로 그 표정이다. 이때의 밝은 표정을 생각하면서 눈썹은 살짝 올리고 입은 "위스키"를 해보자.

승무원은 여러 승객을 대하는 만큼, 미소가 가장 중요한 사항 중 하나지만, 일반인들이 이러한 미소를 몸에 익히기는 쉽지 않다. 실제 승무원에게도 이런 미소가 쉬운 것은 아닌 만큼, 평소 생활에서도 습관화되었을 때야 비로소, 어떤 근무상황에서도 서비스 정신의 한 미덕인 스마일을 유지할 수 있을 것이다. 온화한 표정은 기본이고, 상대를 성의 있고 진지한 시선으로 바라본다. 품위와 각자의 아름다운 개성이 표현되는 미소를 본인 스스로 늘 연구하여 숙달되도록 노력해야 한다. 승무원 역시 말을 하면서 미소를 유지하는 연습도 필수다. 몇 가지 상황을 만들어, 자주 사용하는 문장을 사용하면서 미소를 유지하는 방법으로 훈련하는 것이 요령이 되겠다. [Part 9. '말하면서 웃는 연습하기' (175참조)]

• 미소가 아름다운 승무원 되는 방법 •

근육 풀기

도레미송을 부른다.
분명하고 정확하게 3회 반복
한다.

근육 탄력주기

① 입을 최대한 크게 벌려 10초간 유지한다.
② 그 다음 입꼬리를 수평이 되도록 최대한 길게 늘인 뒤
   10초간 유지한다.
③ 마지막으로 입술을 중앙으로 동그랗게 오므리면서 10
   초간 유지한다.

미소 만들기

① 입을 3분의 1만 벌리고 작게 웃는다.
② 이에 입을 2분의 1정도 벌리고 웃는다.
③ 마지막으로 크게 입을 벌려 마음껏 웃는다.
   이 과정을 3회 반복한다.

미소 유지하기

① 입꼬리에 힘을 줘 위쪽으로 당겨 올린다.
   이 상태에서 "위스키", "쿠키"를 발음한다.
② 이어 입을 다물고 입꼬리를 올렸다가 내
   렸다가 하는 동작을 반복한다.

서비스 직종
종사자의 함박웃음

 서비스 직종 종사자의 대부분은 바로 고객과의 접점에서 만나는 MOT^{Moment of Truth}를 결정하는 사람들이다. 원래는 스페인의 투우 경기에서 투우사와 소가 대결하는 짧은 순간을 의미하는 용어였는데, 스칸디나비아항공^{SAS}의 CEO였던 Jan Calzon이 자신의 저서 『Moment of Truth』[1]에서 고객과의 만나는 접점을 15초로 본 데서 고객접점 관리기법의 의미로 발전하였다. 이때 최대한 많은 사람을 만족시켜야 하며 현재 많은 곳에서 서비스경영철학으로 자리잡았다. 이렇게 본다면, 승무원에게서도 함박웃음을 기대할 수 있겠지만, 공무원이나 일반 사무에서도 사람을 대하는 모든 서비스직종에 일하는 사람에게 필수요소가 바로 미소라고 해도 과언이 아닐 것이다. 단아한 미소보다는 환하게 웃는 함박웃음이 마주하는 고객들의 기분을 더욱 좋게 한다. 아이러니하지만, 서비스 직종 종사자가 아닌 탤런트 최불암 씨가 '퐈~'하면서 웃던 그 미소가 바로 함박웃음의 전형적인 모습이라 할 수 있을 듯 하다.

스마일의 종류에 따라, 윗니만 보이는 할리우드 배우의 미소Commisure smile, Monarisa smile, 송곳니까지 도드라져 보이는 다이아몬드형 미소 Cuspid smile, Canine smile, 아랫니까지 모두 보이는 미소Complex smile, Full denture smile 모두에서 가능하다. 미소의 타입보다 중요한 포인트는 눈까지 활짝 웃는 것이다. 눈은 '마음의 창'이라고도 하는데, 실제로 눈은 뇌Brain와 직접적으로 연결되어 있는 신체부위이기도 하다. 시선이 다른 곳을 향해 있는 것도 문제지만, 눈은 가만히 있고 입만 웃는 것은 인위적인 웃음이 되게 한다. 입꼬리를 좌우를 당겨 Full smile을 하면서 눈도 함께 웃어줘야 한다.

눈웃음을 위해 눈의 안쪽 근육에 힘을 주면 또한 부자연스러운 미소가 나타난다. 눈의 바깥근육에 힘을 주면서 웃게 되면 보다 자연스러운 미소가 나타나게 된다. 이러한 함박웃음은 고객이 친근하고 편안하게 다가가게 한다.

'웃는 얼굴에 침 뱉으랴?'는 말처럼, 이러한 함박웃음은 화가 난 고객을 진정시키기도 한다.

미스코리아의
우아한 미소

미소코리아의 미소는 어떤가? 자신감 넘치고 세련된 모습이 보이긴 하지만, 환하게 웃는 가운데 우아함이 돋보여야 한다. 미스코리아 진은 아름다운 몸매와 얼굴뿐만 아니라, 지적으로 느껴지는 말투와 언어사용을 한다. 거기에다가 웃을 때 무언가 우아함이 묻어난다. 그저 크게 웃으면서 최대한의 스마일라인을 보이는 것이 아닌데도 은근히 새하얗고 완벽한 치아가 가지런히 드러날 것이다.

치아가 고르면, 발음이 분명해질 것이다. 미스코리아들은 무대 위를 걷는 연습만큼, 피부관리와 치아관리에도 신경을 쓴다. 웃는 연습은 필수다. 발음은 분명하고 우아한 목소리를 유지하되, 어떤 경우에도 미소를 잃으면 안 된다. 헤프게 웃는 것도 안 되지만, 난감한 질문에서도 가지런한 치아를 보이는 미소를 잃지 말아야 한다.

치아는 윗니가 8~10개 정도 보일 때 가장 우아해 보인다. 입꼬리를 일부러 올리지 않고 최대한 자연스러운 미소가 좋다. 마치 미소가 몸에 밴 듯 자연스러워야 한다. 너무 오래 웃으면 얼굴근육에도 경련이 일어나기 쉬우므로 대부분의 미스코리아는 대회 중간중간 쉬는 시간엔 지속적으로 얼굴근육을 풀고 있다고 한다.

관중을 향해 뿜어내는 우아함의 중간에 아름다운 얼굴과 우아한 미소가 있어야 하는 것이다. 이미 잘 알다시피 미스코리아가 대회에서 입는 옷은 통일되게 정해진 수영복과 제비 뽑기로 정해지는 드레스다. 그 외에 잘 어울리는 헤어나 운 좋게 자신과 잘 어울리는 옷이 선정된 경우라면 더할 나위 없이 좋겠지만, 자신의 옷과 얼굴과 어울리는 헤어와 메이크업을 함으로써 어느 정도의 조화를 얻을 수 있다. 하지만, 실제 대부분의 사람들은 얼굴에서 뿜어져 나오는 말할 수 없는 우아함과 지적인 말투에 반하는 경우가 더 많을 것이다.

세일즈맨의
신뢰감을 주는 미소

세일즈맨은 말 그대로 걸어다니는 광고판이다. 자신의 열정과 신뢰로 고객을 만들고, 물건을 팔아야 한다. 깔끔하고 단정한 복장, 철두철미한 시간 준수만큼 중요한 것은 고객과 처음 만날 때의 미소다. 물론 미소가 '정직'이나 '능력'을 상징하진 않는다. 하지만, 뭔가 근심이 많은 표정을 짓고 있거나 너무 오버해서 웃는 것 모두 그리 좋은 첫인상이 되진 못한다. 그 동안 많은 세일즈맨을 만나봤는데, 첫인상에서 신뢰도가 특히 떨어지는 사람들이 있었다. 정확한 지식 없이 무조건 들이대고 보자는 심리로 다가오는 사람이나 시간을 잘 지키지 않고 깔끔하지 않은 차림으로 허겁지겁 나타나는 사람, 질문을 해도 전문성 있는 답변을 하지 못하는 사람들이다.

그런데도 초보 세일즈맨과 거래를 한 적이 있다. 치과재료 업체 직원이었는데, 해맑게 웃으면서 다가오는 그 세일즈맨은 초롱초롱한 눈빛을

빛내며 몇 번이고 찾아왔다. 난감한 질문에도 비교적 여유 있게 미소를 지으면서 다음 방문 시에는 꼭 알아오겠다고 했다. 순수한 눈빛을 보이는 세일즈맨은 아무래도 솔직해 보이는 부분이 있어 거래를 시작했다. 갈수록 발전하는 모습을 보였고, 해맑은 웃음을 지으면서 순수한 눈빛으로 이야기를 시작하던 그 세일즈맨은 첫인상과 같이 지금도 허둥대고 헤매고 있지만, 첫인상과 같이 여전히 진솔하고 성실하게 일을 진행 중이다.

하지만, 그 사람을 제외한 대부분의 경우에는 거래를 성사한 세일즈맨은 대부분 어느 정도 자신감이 넘치면서 제품에 대해 잘 알고 있는 경우였다. 나는 곧잘 질문을 건네는 편이다. 마치 모든 것을 다 아는 듯한 인상을 심어주는 세일즈맨에겐 거부감이 느껴졌지만, 고객의 유치한 질문에도 그런 것도 모르냐는 듯한 황당한 표정을 짓는 것이 아니라, 작은 미소와 함께 설명해준다면 그 사람에 대한 호감도가 급상승하게 되고, 신뢰도도 덩달아 올라갈 것이다.

세일즈맨은 대부분 깔끔한 옷차림과 머리에 시간을 잘 지키는 그룹이다. 이제 세일즈에는 그 정도는 기본으로 다 알고 교육받고 이미 훈련받은 사람들이 투입되기 시작했다. 그런 사람들은 실제로 너무 과하게 웃지도 않고, 대부분 침착하게 자신이 판매하고자 하는 물품이나 정보를 설명해나갔다. 허둥대거나 너무 많이 웃거나 긴장해서 전혀 웃지 않는 직원보다는 차라리 순수함으로 신뢰감을 주거나 전문적인 느낌이 들도록 자신을 잘 포장하고 지식을 습득해 두는 것이 좋은 방법이다. 물론, 세일즈맨은 고객과 1:1로 만나는 입장인 만큼, 어느 순간에도 신뢰를 잃어선 안 된다. 세일즈맨은 자신을 1인 사업가로 생각해야 한다. 자신의 실적이 곧 승진은 물론, 수입과 직결되기 때문이다. 그런 만큼, 자신에 대한 신뢰는 곧 생명과 같다.

물론, 고객에 따라 어떤 세일즈맨이 되어야 하느냐가 다를 것이다. 말이 많고 잘 설명해주는 세일즈맨을 좋아할 수도 있고, 너무 장황한 설명보다는 간단명료한 요약만을 얘기해주는 사람을 좋아할 수도 있다. 하지만, 가장 중요한 것은 고객으로부터 신뢰를 얻는 순간, 그것은 곧 거래성사로 연결된다는 점이다. 이런 신뢰도를 쌓으려면 어쨌든 고객과의 만남이 성사되어야 한다. 첫인상에서 밝고 당당한 미소로 인사를 건네보라. 고객과의 만남도 자연스레 성사될 것이다.

CEO의
여유롭고 당당한 미소

대부분 성공한 CEO들은 어딜 가도 표시가 난다. 뭔가 여유로우면서도 당당해 보이는 미소, 바로 그것 때문이다. 최근에는 CEO들도 반드시 넥타이나 스커트 정장차림으로 다니는 것이 아니고 캐주얼이나 비교적 편한 복장으로 다니는 사람들이 많아졌다. 말투도 투박하거나 심지어 자신을 잘 꾸미지 않는 사람들도 있다.

하지만, 그럼에도 CEO들은 어딘지 모를 여유가 있다. 무슨 이야기를 건네도 곧잘 웃는다. 여성이건 남성이건 최근 내가 만난 CEO들은 상대방의 이야기를 경청한다. 일방적인 이야기를 하는 것이 아니라, 사람들의 이야기를 경청하다가 여유 있게 웃으면서 자신의 의사를 스스럼 없이 말한다. 거기서 나오는 여유로운 미소란 급하고 억지로 웃는 것이 아니다. CEO에도 여러 부류가 있긴 한데, 소위 성공가도를 달리는 CEO들은 경제적으로나 업무적으로나 여유가 있는 편이다. 그동안 노력의 결실을 수확하고 있는 만큼, 작은 일에서도 웃을 수 있는 것이다.

　이런 CEO들은 이미 수년간 세일즈맨이나 서비스직부터 시작한 경우가 많아, 고객을 만날 때 미소짓는 것이 몸에 배어 있는 사람들이다. 이미 훈련은 마쳤고 그것이 자연스레 생활화된 경우가 많다. 이제는 부하 직원들을 관리하고 그들의 본보기가 되어야 하는 입장이라, 보다 여유 있는 몸짓과 행동이 그들의 미소에 그대로 전해지는 것이다.

　CEO 역시 너무 헤픈 웃음을 보이는 것보다는 질문을 받을 때도 입꼬리가 살짝 올라간 여유로운 미소를 보이고, 대답할 때는 냉철하게 그리고 분명한 어조로 말해야 할 것이다. 이렇게 본다면, 마음과 행동, 미소와 말은 뗄래야 뗄 수 없는 관계라고 하겠다.

사람의 시선을
끄는 미소

[키 스 를 부 르 는 마 법 의 미 소 , Smile Design]

사람을 시선을 끄는 미소는 아름다운 미소만큼, 눈빛이 중요하다. 이를 위해선 미소를 지을 때의 시선처리에 대한 연습이 필요할 것이다. 실제로 나는 미소를 아주 사랑한다. 첫인상을 결정하는 미소와 인간관계를 유지하고 인기를 유지할 수 있는 바로 그 미소는 사람들의 시선을 끌기에 충분하다. 이런 미소야말로 '키스를 부르는 마법의 미소', 즉 미소를 지었을 때 당장이라도 키스를 하고 싶어지게 하는 미소가 될 수 있을 것이다.

연예인의
매력적인 미소

　연예인들의 미소는 개성이 넘친다. 매력적인 할리우드 배우들의 미소는 대부분 새하얀 윗니가 8~10개 정도 보이는 full smle이지만, 우리나라에선 치아를 거의 드러내지 않는 연예인부터 1/2 smile, full smile, 눈웃음을 짓는 다양한 연예인들이 자신만의 개성으로 미소를 짓고 있다. 하지만, 호감 가는 연예인들의 공통점은 미소의 유형과 무관하게 그저 사랑스럽고 매력적이라는 것이다. 비웃는 듯한 미소를 짓는 사람 또는 울상을 짓는 사람은 비호감이 될 것이다. 오랫동안 사랑 받는 많은 연예인들은 무표정한 표정보다는 시원하고 매력적인 미소가 돋보인다.

　특히, 연예인들의 프로필 사진은 모두 새하얀 치아를 드러내 보이면서 밝게 웃는 모습이다. 레드 카펫에서의 연예인들은 매력적인 미소를 마음껏 뽐낸다. 경우에 따라 다르겠지만, 대부분의 연예인은 어느 곳에서나 시청자나 팬들과 마주칠 수 있다고 예상해야 한다. 따라서 본인만의 매력적인 미소를 항상 보여줄 준비가 되어 있어야 할 것이다.

연예인의 미소 유형은 워낙 다양한데, 그 중 연예인의 매력을 반감시키는 몇 가지 유형이 있다. 입은 웃고 있는데 눈은 무표정한 전형적인 어색한 미소, 입은 환하게 미소를 짓고 있으나 미간은 찌푸리는 표정, 유독 한쪽만 올라가는 입꼬리, 혹은 웃는데 입꼬리가 내려가는 경우, 그 외에 잇몸이 너무 많이 드러나 보이는 거미스마일 등이 그것이다.

일반인에겐 자칫 비호감이 될 수 있지만, 연예인이라면 개성 있게 느껴지는 미소 중 하나가 바로 스마일라인 속의 삐뚤거리는 치아다. 물론, 최근엔 이러한 치아의 삐뚤거림마저 치아교정이나 치아성형으로 가지런하게 하는 추세다. 진료실에서 만난 연예인 중에는 자신의 얼굴에 맞는 유니크한 디자인으로 치아성형을 원하기도 하고, 심지어 덧니를 만들어달라는 경우도 있었다. 하지만, 대부분 치아미백과 잇몸성형이나 잇몸미백등의 술식을 통해 깨끗하고 새하얀 치아와 잇몸을 원했다.

그 외에, 강렬한 눈빛과 함께 짓는 썩소비웃는 표정나, 웃으면서 혀를 내미는 것, 다른 쪽을 보는 것도 팬들에겐 사랑스럽게 보여지기도 하기 때문에, 개성있는 미소를 그 연예인만의 매력으로 승화시킬 수도 있다.

실제로 환한 미소로 유명한 할리우드 배우 톰 크루즈Tom cruise의 경우, 치아교정과 치아성형을 한 뒤에도 윗니의 정중선midline이 좌측으로 2-3mm 정도 틀어져 있지만, 여전히 매력적인 미소의 소유자로 손꼽히고 있다.

모델의
자신감 넘치는 미소

모델은 광고주에게 발탁되어야 하는 입장이다. 단 몇 장의 사진과 CF 화면으로 상품의 이미지를 소비자에게 각인시키기 위해서는 현재 자기가 광고하는 상품이 빛나 보이게 해야 한다. 일단 자신을 어필하기 위해선 바로 자신감 있는 미소가 필수적이다. 이렇게 함으로써, 소비자로 하여금 모델이 착용한 혹은 갖고 있는 물품을 구입하면 그 모델과 비슷하게 될 거라고 인식하게 하는 것이 바로 모델의 역할이다.

무조건 예쁜 모델이 잘나가는 것은 아니다. 행복한 미소를 짓고 있는 것은 기본이고, 눈으로는 "이 상품 때문에 행복해요."라고 말할 수 있어야 한다. 실제로 최근에는 천편일률적인 아름다운 모델보다는 광고하고 있는 상품에 어울리는 개성 있는 모델들이 늘어났다. 키가 크고 늘씬한 몸매의 모델부터, 예쁜 얼굴의 뷰티모델까지 다양하지만, 세월이 지나도 변하지 않는 것은 바로 그들의 자신감 있고 세련된 미소다. 그리고 여기에 8~10개까지의 치아가 모두 드러나 보이는 full smile과 함께 가지런하고 새하얀 치아는 필수일 것이다.

카메라 앞에서 내뿜는 카리스마와 포스, 그리고 자신감 있는 미소는 바로 모델을 더 빛나게, 그리고 그가 광고하고 있는 상품을 더 빛나 보이게 할 것이다.

사랑받는
사람들의 미소

사람들에게서 사랑받는 유형의 미소를 살펴보자. 이 유형의 미소에서 공통적으로 중요한 것도 역시 눈빛과 시선이다.

🌱 ··· 연인에게 사랑받는 미소

사랑스러운 연인의 모습을 떠올리면 어떤가? 간혹 우는 모습이나 자는 모습이 사랑스럽다는 경우도 있지만, 대부분 사랑스러운 여성의 모습은 청순하고 단아한 미소를 짓고 있는 모습이거나 애교 가득한 눈웃음을 짓는 모습을 떠올릴 것이다. 남성의 경우라면 치아를 살짝만 드러내고 씨익하고 웃는 모습이나 선하고 환하게 웃어 보이는 모습을 상상할 수 있을 것이다.

🌱 … 아이의 천진난만한 미소

10개월만 되어도 아이는 가식적인 미소를 지을 수 있다고 한다. 하지만, 사랑스러운 아이의 천진난만한 미소를 떠올려보자. 해맑은 눈빛과 환한 스마일라인, 자연스럽게 터져 나오는 웃음소리도 빼먹을 수 없을 것이다. 어린아이처럼 반짝이는 눈빛이 중요한 관건이다. 이러한 눈빛엔 가식이 없어야 한다. 마음으로 즐거울 때야 비로소 어린아이의 천진난만한 미소가 나온다. '눈은 마음의 창'이란 점을 명심하자.

🌱 … 소녀 같은 수줍은 미소

소녀들의 미소는 어쩐지 수줍다. 순수한 미소는 full smile 이라기 보단 1/3이나 1/2 smile 정도에 해당할 것이다. 웃다가 멈춘듯한 표정과 떨리는 시선도 특징으로 볼 수 있다.

🌱 ⋯ 아빠의 푸근한 미소

아이를 바라보는 아빠의 미소의 어떠한가? 모든 걸 감싸줄 수 있을 정도로 포근한 느낌이 든다. 사랑스러운 자녀를 바라보며 짓는 흐뭇한 미소를 위해선 사랑으로 가득한 눈빛은 기본이다. 자연스럽게 입꼬리가 바깥으로 뻗되, 대부분의 경우에서 특이하게 치아는 살짝 보이거나 거의 보이지 않는 것이 특징이다.

이성을 사로잡는
관능적인 미소

이성을 사로잡는 미소는 바로 관능적인 미소다. 이 미소의 특징은 대체적으로 full smile이지만, 미소와 함께 포즈나 눈빛이 굉장히 중요하다. 콜롬비아 출신의 여배우 소피아 베르가라Sofia Vergara는 "섹시미는 자신감의 애티튜드Attitude"라고 말했다[1]. 이렇듯, 관능적인 미소를 위해선 자신감이 필수이다.

이성에게 어필하는 관능적인 미소의 정답은 바로 섹시스타 마를린 먼로Marilyn Monroe의 미소에 있다. 그녀의 사진을 보면, 환하게 웃는 매력적인 스마일라인에서 새빨간 입술과 새하얀 치아가 매우 강조되고 있다. 실제로 그 당시 그녀의 입술은 성적 상징물로 그녀에게 관능미를 더했다. 게다가 입꼬리는 살짝 올라가 있고 시선은 대부분 아래를 내려다보거나 위로 치켜뜨고 있다. 정면을 바라볼 땐, 고개를 옆으로 하거나 어깨를 볼에 갖다 댈 정도로 포즈를 변화시키고 있다. 이러한 시선처리나

포즈를 가미하니 시원스러운 미소가 바로 관능적인 미소로 변한 것이다.

사진 속 모델들의 경우 관능미를 더하기 위해서, 입술을 오므리거나 입을 살짝 벌리고 있는 경우가 많다. 하지만, 그 외에도 마를린 먼로처럼 일반적인 미소 외에 눈의 시선처리나 방향, 포즈로 변화를 주는 방법이 있다. 남자의 경우에도 시선을 아래도 내리거나 살짝 위쪽을 보면서 손으론 머리를 쓸어 올리는 포즈를 취하고 있다. 이러한 약간의 변화가 미소에 관능미를 더하는 것이다.

이제 유혹하고 싶은 이성이 있다면, 고개는 살짝 옆으로 돌리고 웃는 것과 동시에, 강렬한 눈빛으로 당신을 유혹하고 있다고 말할 수 있어야 한다. 손으로 머리를 쓸어 올리는 동작 역시 이성의 관심을 끌 수 있는 제스쳐로 잘 알려져 있다.

아름다운 미소를 위한 '스마일페이스닝'

사람들은 80여 개의 안면 근육으로 표정을 만들어내는 유일한 존재다. 세기의 모델이라고 불리는 타이라 뱅크스Tyra Banks는 275개의 각기 다른 미소를 지어 보일 수 있다고 한다[1]. 실제로, 인상을 찌푸리는 데는 43개나 되는 근육이 쓰이기도 하지만, 웃을 때는 17개의 근육만을 사용한다고 한다[2]. 물론, 인상을 찌푸릴 때와 미소를 지을 때 사용하는 근육의 수에 대한 의견은 분분하다.

이 근육의 개수는 사람마다 차이가 있고 연구마다 다르고 동양인은 서양인보다 적은 수의 근육만을 사용하지만, 이 비교를 통해 우리는 웃는 게 그리 어렵지 않다는 것을 알 수 있다. 실제로 얼굴의 3개의 근육만 움직여도 미소를 지을 수 있다. 미소도 표정을 만드는 운동이기에 표정근이 중요하다. 먼저 자신의 표정근에 대해 평가해보고 필요하다면 보톡스 요법으로 표정근을 활기차게 변화시킬 수 있다.

얼굴근육안면근, Facial muscle에 대해 간략히 살펴보자.

원래 머리쪽 근육은 얼굴근육facial muscle과 저작근육masticating muscle의 2개 군으로 나뉜다. 특히, 얼굴근육은 두피scalp와 피부 밑에 위치하는 작은 근육들로 구성되며 안면에 있는 부위를 움직이기 때문에 표정근육mimic muscle이라고도 불린다. 얼굴신경Facial muscle의 지배를 받으며 크게 머리덮개근epicranius, 귀주위근육, 눈주위근육, 콧구멍주위근육, 입술주위근육의 5가지로 분류하고 있다.

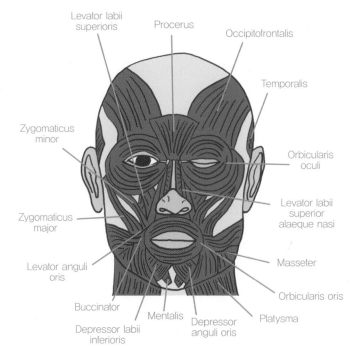

얼굴근육의 모식도

이 모든 것이 얼굴에 미소를 지을 때 어느 정도 관여하긴 하지만, 이 중 특히 미소를 짓는데 필요한 근육은 하단에서 보듯이, 7~15종으로 분류된다[3] .

🌱 ··· **Smile facial muscles 분류** (미소를 짓는 데 사용되는 얼굴근육)

1. 대협골근 : Zygomaticus major
2. 소협골근 : Zygomaticus minor
3. 구각거근(입꼬리 올림근), 대치근, 견치근: Levator anguli (Canicus)
4. 상순거근(윗입술올림근) : Levator (Quadratus) labii superioris
5. 구각하제근(입꼬리내림근) : Triangularis
6. 하순하제근(아랫입술내림근) : Depressor labii inferioris
7. 안륜근(안와근, 눈둘레근) : Orbicularis oculi
8. 보조개근(미소근) : Risorius (※보조개를 만들지만, 이름과 달리 웃음을 짓게 하는 근육이 아님)
9. Levator labii alaeque nasi (안각근) : 입술을 들어올려 코의 양쪽 면에 주름을 잡음
10. Frontalis (전두근) : 이마에 주름을 만듦. 눈썹을 위로 올림, 이마 보톡스
11. Corrugator (추미근) : 눈썹 사이의 2개의 수직 주름을 만듦, 미간 보톡스
12. Procerus (비근곤, 눈살근) : 콧잔등의 주름, 콧잔등 보톡스
13. Mentalis (이근) : 입술이 삐죽 튀어나오는 표정, 턱에 주름살을 지게 함, 복숭아씨 모양 턱주름 보톡스

14. Masseter (교근) : 음식을 씹게 함. 사각턱 및 이갈이, 턱관절과 연관한 보톡스

15. Temporalis (측두근) : 음식을 씹게 함. 이갈이, 턱관절 및 편두통과 연관한 보톡스

🌱 ··· Smile facial muscles 모식도[4]

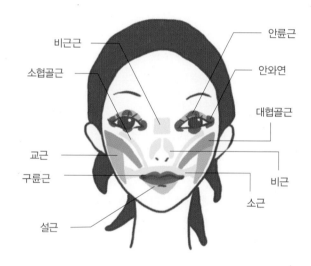

비근근
소협골근
안륜근
안와연
대협골근
교근
구륜근
비근
소근
설근

　　미소를 지을 때 사용하는 근육은 안륜근, 대협골근, 소협골근, 구각거근, 소근, 구각하제근, 상군거근등 7가지라 한다.

🌱 ⋯ 표정근의 셀프진단Self Test 및 대처법

부위	증상	약해진표정근	대처법
얼굴	이마에 가로주름이 있다.	전두근	이마보톡스
이마	미간에 세로주름이 있다.	추미근	미간 보톡스
코	콧등에 잔주름이 있다.	상순비익거근	콧등, 미간보톡스
눈	눈꺼풀에 잔주름이 있다.	상안검	보톡스
눈	눈 밑처짐이나 다크서클이 있다.	하안검	보톡스, 필러
눈	나이에 비해 눈가에 주름이 많다.		보톡스
눈	윙크를 할 수 없거나 한쪽만 할 수 있다.	안륜근	
눈	눈꺼풀이 푸석푸석한 느낌이다.	안와연	
볼	코에서 입 양옆의 깊은 주름이 두드러진다.	상순거근	팔자주름 필러
볼	웃을 때 표정이 굳어진다.	소협골근	스마일 페이스닝 운동
볼	입 옆의 피부가 처져 있다.	미소근	메조보톡스
볼	음식을 먹을 때 입 안쪽을 씹는 경우가 있다	협근	
입	입술색이 칙칙하다. 입 언저리가 처지거나 주름이 눈에 띈다.	구륜근	입술필러
입	입꼬리가 아래로 처져 있거나 삐뚤어져 있다.	구각하제근	
턱	옆얼굴선이 흐트러져 있다.	교근	사각턱보톡스
턱	이중턱이 신경쓰인다.	이근, 이횡근, 이복근, 익몸근	메조보톡스
턱	입 언저리에서 턱에 걸쳐 세로주름이 있다.	하순하제근	복숭아모양 턱 보톡스

실제로 이러한 근육의 움직임을 알면 아름다운 미소를 활성화함으로써 스스로 만들어 낼 수 있다. 아름다운 미소를 만드는 운동, 즉 '스마일페이스닝Smile facening'을 위한 필수 요건이다. 특히 스마일을 위한 페이스닝이므로, 내가 소개하는 이 방법을 특별히 '스마일페이스닝'이라 명명하겠다.

Tip!

Facening (페이스닝)[5]

Face Training의 하나. 미용적인 목적으로 안면근육을 운동시키고 이완시키는 연습으로, 원래는 안면마비Bells' palsy, 턱관절질환 TMJ disorder 등의 완화를 목적으로 이루어지기도 했다. 일본의 유명한 미용분야의 권위자인 '이누도 후미코Fumiko Inud'의 저서 『페이스닝』(백철호 역, 북스넛)에서 보면 페이스닝 즉, 얼굴 표정근 운동법이 잘 소개되고 있다. 실제로 책에서 말하는 '페이스닝'이란 얼굴 속에 숨어 있는 30가지의 근육을 움직여 줌으로써 성형수술을 하지 않고도 얼굴을 작고 탄력 있게 만드는 방법이다. 이누도 후미코와 닌텐도사는 "Face Training'"이라는 비디오로 출시하기도 했다.

실제로, 최근에는 안티에이징 바람을 타고, 스마일페이스닝이 보톡스나 IPL, 성형외과 수술, 메이크업, 치아미백과 머리염색 등과 함께 각광받고 있다.

다양한 얼굴 표정을 짓는 데 쓰이는 근육[6]

Occipitofrontalis

Corrugator supercilii

Procerus + transverse part of nasalis

Orbicularis oculi

Lev, labii sup. alaeque nasi + alar part of nasalis

Buccinator + orbicularis oris

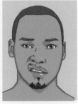

Zygonaticus major + minor

Risorius

Risorius + depressor labii inferioris

Levator labii superioris + depressor labii

Dilators of mouth Risorius + levator labii superioris + depressor labii inferioris

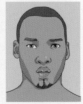

Orbicularis oris

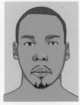

Depressor anguli oris

Mentalis

Platysma

기적의 3분 스마일 운동법,
노력하면 누구나 웃을 수 있다.

매일 3분씩 연습만으로 나에게 가장 어울리는 자연스러운 미소를 만들 수 있다.

웃는 모습은 자기가 보는 것이 아니고 대부분 남들에게 보여져 평가받기 때문에, 자신의 미소를 점검해 볼 필요가 있다. 웃을 때 한쪽 입꼬리만 올라가 비웃는 것처럼 보이진 않는지, 크게 웃는 모습이 부자연스럽진 않은지 확인해 둘 필요가 있다. 많은 사람들이 표정이란 타고난 것이고, 표정을 짓거나 미소를 짓는 데 특별한 기술이 필요하지 않다고 생각한다. 그러나 평소에 자연스러운 미소를 연습해 두면, 얼굴에 습관처럼 배어 자연스럽게 표출된다. 실제로 '스마일 여왕'으로 불렸던 탤런트 서민정 씨의 경우, 방송 데뷔를 앞두고 하루 3시간씩 6개월 동안 연습한 결과 눈웃음과 함께 아름다운 미소를 갖게 되었다고 한다[7]. 노력의 결실로 얻어진 자연스러운 미소였던 것이다.

모든 사람이 3시간씩 웃는 연습을 할 수는 없지만, 대부분 이러한 백만 불짜리 미소를 만들기 위해선 본인만의 노력이 필요하다. 하루 3분 정도 거울을 보면서 웃는 얼굴을 연습하자. 나도 원장실엔 늘 거울을 갖다 놓고 함박웃음과 함께 신뢰감 있는 표정을 연습하곤 한다. 『첫인상 5초의 법칙』(한경 저, 위즈덤하우스)에 따르면, 좋은 첫인상의 세가지 느낌은 "신뢰감, 자신감, 친근감"이라고 했다[8]. 앞으론 이러한 표정이 어떤 것인지 보다 구체적으로 연구해보면 좋을 듯 하다.

특히, 자연스럽고 편안한 미소는 입만 연습한다고 되진 않는다. 관상학에서도 입이 웃는데 눈에 걱정이 서려 있는 얼굴은 좋지 않다고 한다. 따라서, 반드시 눈도 함께 웃고 있는지, 한쪽 입꼬리가 올라가진 않는지 확인하자.

🌱 ··· **스마일 연습 순서 요약**

근육 풀어주기(Smile Facening) → 작은 미소(1/3 smile) → 중간 미소(1/2 smile) → 커다란 미소(full smile) → 미소유지 → 거울을 보며 수정 및 가다듬기 → 필요 시 동영상 촬영해 보기

이 중 근육을 이완시키는 법에 대해 알아보자. 이를 위해 간단한 운동법을 소개하겠다.

🌱 … 근육풀기의 4단계

1단계 : 입 주위, 입술 근육을 먼저 풀어준다.

❶ 입은 "아-이-우-에-오"를 수 차례 반복하여 입술과 입 주위 및 볼의 근육까지 풀어준다. 각 단계별로 5~10초간 유지한다. 이 때 입 모양은 다소 과장되게 하는 것이 좋다.

❷

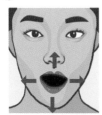

정면을 보고 '아~' 소리를 내며 입을 벌린 상태를 유지한다.

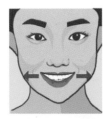

입꼬리를 당겨 '이'모양을 만들고 이를 딱 물어 치아를 드러낸다.

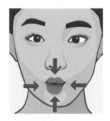

입술을 살짝 내밀며 '우' 소리를 낼 때는 턱을 내밀지 않도록 주의한다.

'에' 소리를 내며 입꼬리의 양끝을 최대한 늘인 상태에서 버틴다.

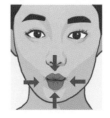

입술을 가운데로 모아 '오' 소리를 낼 때는 턱을 내밀지 않도록 주의한다.

❸ 경쾌한 표정을 짓기 위한 볼과 턱의 근육 이완연습
 - 양쪽 볼을 부풀렸다 뺐다를 반복한다.
 - 한쪽 볼을 오른쪽 왼쪽으로 부풀려 빠르게 움직인다.

- 입안의 혀를 입안에서 상하좌우로 굴려주고 입안에서 부딪히며 소리낸다.
- 아래턱을 왼쪽 오른쪽으로 움직여 턱 근육을 푼다.

❹ 여러 가지 표정 연습

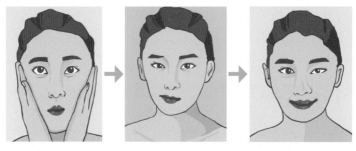

| 1. 깜짝 놀란 표정 짓기 | 2. 좌우로 삐죽삐죽 | 3. 입술 한쪽으로 당기기 |

| 4. 입술 좌우로 당기기 | 5. 입 벌려 하늘 보기 |

2단계 : 눈 주변 근육 풀기

연습 Tip: 눈을 감을 때 안쪽보다 바깥쪽에 힘을 주면서 감는 연습을 하라. 웃을 때 눈 안쪽보다 바깥쪽에 힘을 주면 눈꼬리가 살짝 내려가서 예쁘고 편안한 눈웃음이 형성된다. 반면, 안쪽에 힘을 주면 인위적이고 어색한 웃음처럼 된다.

- 눈을 감고 마음을 안정시켜 긴장을 완화시킨다.
- 눈을 뜨고 눈동자를 오른쪽 – 위 – 아래로 천천히 한바퀴 크게 돌리다.
- 눈두덩이에 힘을 주며 눈을 감는다
- 깜짝 놀란 표정으로 눈을 크게 뜨며, 눈과 눈두덩이를 올린다.
- 찡그리는 표정으로 미간을 찡그렸다 폈다 한다.
- 양쪽 눈을 번갈아 가며 감았다 떴다 윙크하듯 연습한다.

3단계 : 코의 근육 이완 연습

- 고약한 냄새를 맡는 표정을 짓는다.
- 콧방울을 크게 부풀린다.

4단계 : 필요에 따라 고개도 좌우도 움직여 본다.

이 근육풀기 단계를 최소한 4~5번 반복하자.

그런 다음 미소의 4단계에 맞춰, '1/3 smile → 1/2 smile → full smile → 유지'를 반복 연습한 뒤, 제대로 하고 있는지 거울을 보면서 확인하자. 실제로 해보면, 3분도 채 걸리지 않는 간단한 운동법이다. 하지만, 이러한 반복된 노력만으로도 누구나 아름답고 자연스러운 미소를 지을 수 있을 것이다. 물론 이때, 기본적으로 치아가 가지런하고 잇몸이 깨끗하면 더욱 좋을 것이다.

스마일라인은 윗입술과 아랫입술이 그리는 삼각형의 공간을 일컫는데, Type 1의 스마일라인에서 위쪽 선은 윗니의 잇몸선 상단과, 아랫선의 윗니의 절단부 하단과 관계있다. 윗니가 그만큼 중요하다는 의미다.

Tip!

기타 근육풀기 연습방법

STEP 1 양손의 검지와 중지를 모아 턱관절에 댄다. 턱관절을 살짝 누르면서 위에서 아래쪽으로 작은 원을 그린다. 턱 선을 따라 자연스럽게 아래로 내려올 것. 숨을 들이마시면서 원을 그리고, 내쉬면서 제자리로 돌아온다.

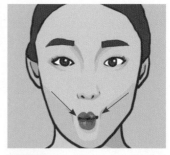

STEP 2 코로 숨을 들이마시면서 양볼을 홀쭉하게 모은다. 눈을 동그랗게 뜨고 입술을 쭉 뺄 것.

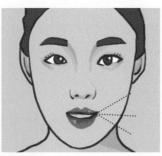

STEP 3 스텝 2 상태를 3초간 유지한 후 '빠' 소리를 내며 팅기듯이 공기를 밖으로 뺀다.

STEP 4 '이' 소리를 내는 모양으로 만들고, 얼굴 전체의 근육을 위로 올리듯 활짝 웃는다.

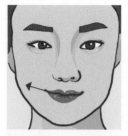

STEP 1 얼굴에 힘을 뺀 상태에서 입술을 다 물고 한쪽 입꼬리를 끌어 올릴 수 있는 데까지 3초간 올린다. 반대편도 같은 방법으로 실시.

STEP 2 얼굴에 힘을 빼고 입을 다문 상태에서 2~3초간 숨을 들이마시고, 다음 4~5초간 숨을 내쉰다.

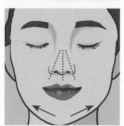

STEP 3 숨을 들이마시면서 양쪽 입꼬리를 동시에 끌어올린다. 이 상태를 3초간 유지한 뒤 숨을 내쉬면서 힘을 뺀다. 준비 동작부터 전체 동작을 3회 반복한다.

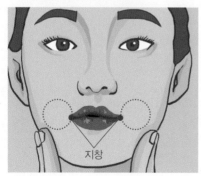

지창

1 모든 동작은 3초간 유지, 반복을 기본으로 한다.

2 얼굴에 힘을 빼고 처진 입매를 올려주는 경혈점(지창)을 마사지하며 항상 웃는 듯한 예쁜 입매로 바뀔 수 있다.

3 턱과 광대의 근육을 함께 풀어주면 얼굴이 작아 보이면서 웃는 얼굴이 더욱 자연스러워진다.

키스를 부르는 마법의 미소, Smile Design
Perfect smile line 개선 프로젝트

스마일페이스닝
운동법

[키스를 부르는 마법의 미소, Smile Design]

얼굴형별 인상을
좋게 만드는 스마일페이스닝법

얼굴근육운동을 통해, 미소를 짓기 좋은 얼굴 상태를 충분히 연습했다면, 가능한 밝은 표정도 연습해보자. 아무리 미소를 짓고 있어도 슬퍼보이는 사람이 있듯이 밝은 표정도 연습을 하면 가능해진다. 실제로 즐거운 생각을 하면 밝은 표정이 나오지만, 이것을 유지하는 것이 중요하다.

이러한 표정을 위해서는 볼과 턱, 코를 포함한 입 주위 근육과 눈 근육은 물론, 눈썹의 변화와 눈빛도 중요하다. 눈은 마음의 창이라고 하는 이유를 생각해보자. 실제로 눈은 뇌와 가장 직접적으로 연결되는 신체 구조인 만큼, 생각한 것이 바로 눈빛으로 투영될 것이다.

아이에게 "까꿍!"할 때 가장 밝은 표정이 나온다고 하는데, 그 표정을 잘 상상해 보자. 눈썹의 역할 또한 중요한데, 눈썹이 아래로 쳐질 때보다는 올라갔을 때 훨씬 밝은 표정이 나온다.

눈은 전날의 피로감을 가장 먼저 느끼게 하므로, 피곤한 상태에서는 밝은 눈빛을 유지하기가 힘들 것이다. 실제로 즐거운 생각을 하면 눈빛이 가장 먼저 반짝이게 될 것이다. 앞서 말한 것처럼 눈 주위 근육 중 눈 바깥쪽에 힘이 들어가면 자연스러운 미소가 나오는데, 이것은 그대로 볼과 연결되어 볼 주변의 근육 및 입 주위 근육과 유기적으로 그 역할을 하게 될 것이다.

앞서 말한 것처럼, "위스키, 김치, 치즈" 같은 발음은 자연스레 입꼬리가 올라가게 되는데, "개구리 뒷다리"를 외치는 것도 좋은 연습법이 될 것이다. 입꼬리가 올라간 상태에서 자연스러운 스마일라인을 형성해본 후, 그 상태에서 조용히 위아랫입술을 붙인 상태로 10초간 유지하면서 가장 온화한 표정을 만들어 내보자.

🌱 ··· 얼굴형별 인상이 좋게 만드는 방법

조각 같지만 무표정한 얼굴
웃어도 부자연스러우며 웃으려 해도 근력이 약해져 잘 움직이지 않는다. 많이 웃으면 얼굴에 탄력이 붙으면서 인상이 좋아져 주위에 사람이 모인다.

광대뼈가 벌어진 얼굴
성격이 꼼꼼하고 주위 사람에게 너그럽지 못한 편이므로 자주 웃어서 대인관계를 원만히 하는 것이 좋다.

코가 높고 큰 얼굴
자존심이 강하고 도도한 성격. 미소로 사람을 대함과
동시에 주위 사람에 대한 배려를 행동으로 표현하면
인생이 좋아진다.

이마가 넓고 둥근 얼굴
입이 작아 소심한 구석이 있다. 낙관적인 생각을 하고
자주 웃으면 얼굴색이 더욱 좋아진다.

조각처럼 깎은 듯 잘생겼지만 무표정한 얼굴의 사람은 보통 할 말만
하는 성향이 있다. 또 주위 사람에 관심이 없고 융통성이 부족하다. 윗
사람이 보면 마음에 들지만 아랫사람이 보면 이상한 사람이다. 연구직
처럼 혼자 하는 일이 맞다. 스스로 격을 낮추고 주위 사람에 대해 관심
을 갖도록 노력해야 한다. 많이 웃어 얼굴에 탄력이 붙으면 인상이 좋아
져 주위에 사람이 모이게 된다.

턱이 넓고 옆으로 튀어나온 얼굴은 보통 어떤 일이든 열심히 한다고
한다. 많은 사람을 통솔하는 일에 재능이 있다. 호오가 분명해 싫어하
는 사람은 내친다. 아랫사람들이 잘 따르지만 좋아서가 아니라 겁나서
그런 것이다. 잘하는 사람까지 더 잘하라고 야단을 치니 함께 일하려는
사람이 적다. 사람을 따뜻하게 대할 필요가 있다.

특히, 광대뼈가 유난히 벌어진 촌스런 얼굴형은 매너가 좋다는 소리는

듣지 못하지만 능력은 있다. 꼼꼼하게 일처리를 한다. 혼자 하는 일이 적합하다. 일을 제대로 못하는 사람은 두고 보지 못하기 때문이다. 주위 사람에게 너그럽게 대하고 자주 웃으면 좋다.

코가 높고 큰 얼굴을 가진 사람은 자존심이 강하고 도도하다. 여러 사람을 만나는 일보다 전문적인 분야에서 일하는 게 적합하다. 여러 부서의 협조가 필요한 자리에는 적합하지 않다. 겸손하고 자신을 낮추도록 노력하라. 갑자기 상냥하게 말하기가 어렵거든 커피를 타다 준다든지 주위 사람에 대한 배려를 행동으로 표현하면 인상이 좋아진다.

이마가 넓고 둥근 얼굴형의 경우는 머리가 좋고 사람들의 마음이 상하지 않게 일처리를 원만하게 잘한다. 코까지 크면 추진력도 있다. 하지만 입이 작아 소심한 구석이 있다. 낙관적인 생각을 하고 자주 웃으면 얼굴색이 더욱 좋아지고 일도 잘된다.

그 외에, 동글동글한 얼굴의 사람은 고루한 성격이지만 지킬 것은 지킨다. 가정을 잘 챙기고 윗사람을 잘 모신다. 아랫사람에게는 자상함이 지나쳐 잔소리가 많은 듯하다. 시키는 일은 잘하지만 결정을 내리는 일에는 약하다. 많이 웃으면 인상이 더욱 좋아진다.

온화하게 생긴 계란형 얼굴은 피부가 희고 눈, 코, 입의 균형이 맞는 잘 생긴 얼굴이다. 화기애애한 분위기를 중시하지만 대충 시간만 보내는 경향이 있다. 이런 사람은 '볶으면' 일을 잘한다. 따라서 노력에 따라 실적이 달라지는 일에 적합하다.

눈이 나오고 입이 큰 얼굴인 경우, 자기표현을 분명하게 하고 비판에도 주저함이 없다. 용감하고 독창적이긴 해도 말로 다른 사람에게 상처를 줄 수 있어 예의가 없어 보이기도 한다. 감시 감독하는 일을 맡으면 조직 분위기를 해치게 된다. 조직을 위해 외부 관계자에게 아쉬운 소리를 해야 하는 일에 맞다. 한번 생각한 뒤 말하는 것이 좋다고 한다.

입이 두툼하면서 얼굴이 큰 사람은 통이 크고 태평한 성격이다. 때가 되어야 일도 이루어진다고 생각하는 스타일이다. 뚝심이 필요한 일에 적합하다. 하지만, 그냥 두면 성과를 내지 못하는 경우가 많아 성과에 대한 압박이 필요하다. 하루하루 계획을 세워서 제때 일을 처리하는 습관을 들이면 좋다고 한다.

눈에 흰자위가 많고 코끝이 들려 보이는 얼굴은 조직 생활에는 적합하지 않은 경우가 많다. 프리랜서처럼 혼자 일하는 분야에 잘 맞다. 능력이 있어 수입이 좋지만 씀씀이가 헤픈 편이다. 긍정적인 태도와 느긋한 마음을 갖는 연습을 하면 인상이 좋아진다[9].

스마일페이스닝을
돕는 보톡스 시술

보톡스의 역사는 200년이 넘었다. 1820년대에 이미 독일 의사, Justinus Kerner은 보툴리늄의 다한증에 보툴리늄이 효능이 있다는 것을 밝혔으며, 1920년대에는 Dr. Herman Sommer 에 의해 현재까지도 주로 쓰이는 A형 보툴리늄이 분리되었으며, 여러 연구와 실험 끝에 1949년 Scott가 FDA의 승인을 얻어 판매와 유통을 시작했다.

미용목적인 경우, 보톡스는 다음과 같은 주름 부위에 주로 적용되고 있다.

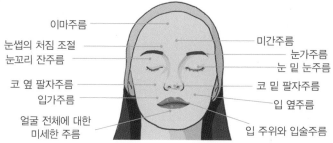

그 외에는 목의 잔주름과 아래턱 끝이 복숭아씨 모양처럼 울퉁불퉁한 경우에도 시술되고 있다.

근육에 주로 이용되는 것은 씹기 근육과 관여하는 이 악물기와 이갈이 개선을 위한 사각턱 부위나 측두근 부위, 두통 해소를 위한 승모근 부위 주사법, 거미스마일 개선을 위한 윗입술올림근 부위 주사법이 있으며, 스마일라인 개선을 위해서는 아랫입술내림근에도 선택적으로 시술이 가능하다. 이 밖에 최근 종아리 근육 부위의 보톡스 시술도 점점 늘어나고 있다고 한다.

🌱 ··· **저작근** (씹기 근육)

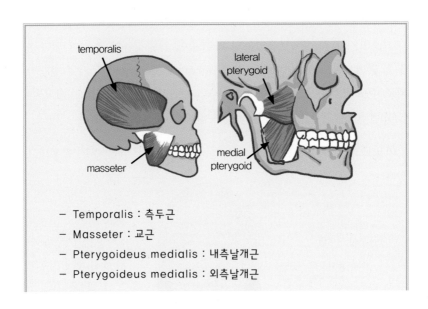

- Temporalis : 측두근
- Masseter : 교근
- Pterygoideus medialis : 내측날개근
- Pterygoideus medialis : 외측날개근

두개골에서 하악골에 걸쳐있는 4가지 근육으로 아래턱을 끌어올리고 좌우로 움직여 음식을 씹는 데 관여하는 근육이다. 얼굴근육과는 달리, 삼차신경 Trigeminalnerve의 가지인 하악신경mandibular nerve의 지배를 받는다.

이갈이나 이악물기 습관, 턱관절 부위에 통증이 있는 경우 대부분 저작근에 보톡스를 시술받게 된다. 그 외에는 치과에서 제작되는 교합안정장치 stabilization splint가 있다.

치과 치료 및 예방 목적의 보톡스 시술은 5분도 걸리지 않는 간단한 시술이다. 필요에 따라서 피부에 마취연고를 바르기도 하지만, 가벼운 마음으로 치과에 들러 받을 수 있는 시술이다. 그렇다면, 치과에서 어떠한 보톡스 치료 요법이 가능한 것일까?

❶ 턱관절 통증 해소 사각턱 (교근) 보톡스 시술

이 악물기, 이갈이, 턱관절 통증을 유발하는 원인은 여러 가지다. 그 중 하나가 과도한 교근깨물근, Masseter muscle : 저작근 중의 하나의 활성 때문인데, 이런 경우 간단히 보톡스 주사만으로도 통증의 예방 및 치료가 가능하다. 특히, 치아교정 중 과도한 이 악물기 습관이 생긴 경우에도 시술 받게 되면, 그 치료 효과가 크다.

❷ 이갈이 방지를 위한 측두근 보톡스 시술

대부분의 이갈이는 교근에 시술받는 것만으로도 많이 감소하지만, 시술 후에도 이갈이가 지속된다면 측두근관자근, Temporal muscle 주사가 필요하다. 이갈이는 교근과 측두근의 과활성화 때문에 발생하는 경우가 더 많기 때문에 측두근에 보톡스 시술이 추가될 수 있다.

❸ 편두통 해소를 위한 승모근 보톡스 시술

최근 치과에서 승모근Trapezius에 하는 보톡스 시술은 어깨 통증 해소에 효과가 있지만, 편두통을 비롯한 두통 치료에도 쓰인다. 구강내과와 관련한 시술을 하는 치과에서 간단한 시술로 치료가 가능하다.

❹ 거미스마일Gummy smile 해소를 위한 윗입술올림근 보톡스 시술

거미스마일은 말 그대로 '잇몸Gum + 미소Smile'의 두 가지가 합쳐진 잇몸이 드러나 보이는 미소를 일컫는다. 거미스마일의 치료법 중 가장 간단한 치료가 바로 치과에서 하는 잇몸성형술과 보톡스라고 하겠다. 다만, 골격에 문제가 있는 경우라면 치아교정이나 악교정수술을 동반한 치료가 필요할 것이다.

❺ 복숭아씨 모양의 턱 끝 교정 보톡스 시술

말을 하거나 턱 끝에 힘을 주면, 복숭아 씨앗의 겉표면처럼 울퉁불퉁한 모양이 생기는 경우에 간단하게 시술 가능하다.

나이에 따른 입 주변의
변화, 필러 시술

얼굴 표면에는 나이에 따라 변하는 크게 두 가지의 구고랑groove가
있다.

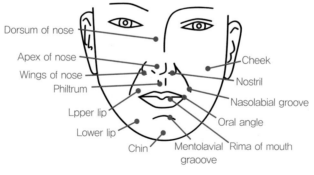

Dorsum of nose

Apex of nose

Wings of nose

Philtrum

Lpper lip

Lower lip

Chin

Cheek

Nostril

Nasolabial groove

Oral angle

Mentolavial Rima of mouth
graoove

얼굴 표현 해부학

얼굴에는 입술, 볼, 코 및 눈이 있다. 입술Lip은 입술 사이 공간에 의
해 윗입술upper lip과 아랫입술lower lip로 구분되고, 입술의 양끝은 입꼬

리구각, oral angle라 한다. 윗입술 가운데 있는 고랑 부위를 인중philtrum이라 하고, 비순구코입술고랑, nasolabial groove는 윗입술의 외측과 볼을 구분하는 경계가 되며, 아랫입술은 이순구턱끝입술고랑, mentolabial groove에 의해 턱과 경계를 이룬다.

비순구는 Levator labii superioris윗입술올림근, Levator labii alaque nasi superioris윗입술 콧방울올림근과 zygomaticus minor소협골근의 복합 작용에 의해 깊게 파이게 되며, 일반적으로 콧방울wings of nose에서 시작하여 코 아래 부위와 입꼬리 사이의 중앙에 이르고, 30세에는 더 길어져 입꼬리에 일치하게 된다. 그런데 40세 이후에는 더욱 길어지면서 입꼬리를 지나치고, 60세 이후에는 부가구additional grove와 구각구groove of oral angle까지 나타나게 된다.

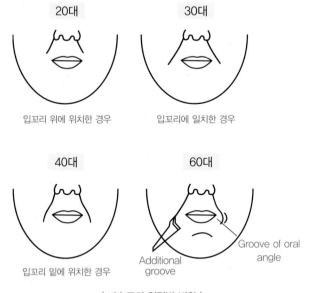

〈 비순구의 연령별 변화 〉

이순구는 levator menti m.^{턱 끝올림근}의 작용에 의해 아랫입술 밑에 깊게 파이는 고랑 부위를 가리키는데, 얇고 불확실한 사람이 많다. 다만, 60세 이후에는 입꼬리를 넘어서 길어지고 깊게 파인다.

없는 경우   입꼬리에 위치한 경우   입꼬리를 넘어선 경우

〈 이순구의 연령별 변화 〉

이런 부분이 발달한 경우 당연히 나이가 들어 보이게 하는 요인이 되므로, 선택적으로 보톡스 치료와 필러 치료를 병행하거나 요즘엔 리프팅 요법 등을 활용해, 미용치료에 적절히 이용하고 있다.

비순구의 경우 나이가 들면 흔히 '팔자주름'이라 불리는 움푹 파인 선이 생긴다. 이 팔자주름도 그 파인 정도에 따라 nasolabial crease와 nasolabial fold로 나눌 수 있다[10].

Type 1	Nasolabial crease	반복적인 근육의 운동에 의해 표피와 진피가 결손된 경우
Type 2	Nasolabial fold	근육보다는 상방의 malar cheek pad가 중력에 의해 하방으로 내려오면서 fold를 형성한 경우
Type 3	Hybrid type	두 가지의 혼재

조금 더 얕은 nasolabial crease에는 입자가 작은 필러를 피부 하방에 얕게 주사할 때 큰 효과가 있고, 더 깊은 nasolabial fold의 경우는 조금 더 깊은 곳에 입자가 큰 필러를 이용해 부피 자체를 늘려야 한다. 필요에 따라선 필러만으론 힘들고 피부를 거상하는 리프팅이나 수술까지 고려해야 하는 경우도 있다.

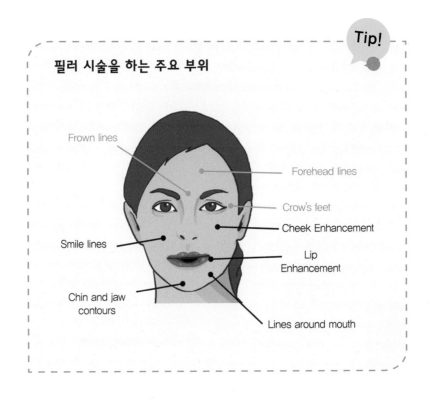

필러 시술을 하는 주요 부위

Tip!

Frown lines

Forehead lines

Crow's feet

Cheek Enhancement

Smile lines

Lip Enhancement

Chin and jaw contours

Lines around mouth

필러 시술시 주의사항

1. 시술받기 7~10일전 아스피린, 항응고제 복용 금지
2. 필러시술 기왕력 및 켈로이드 체질인지 문진
3. 시술 전·후 다양한 각도의 사진촬영
4. 철저한 소독
5. Lump의 발생시, 시술 당일 및 다음날까지 제거
6. 비첨부 및 이마에 필러 사용시 반드시 3일간 항생제 처방
7. 시술 후 2~3일간 금주
8. 음주와 관련된 직장인에게는 항생제 처방
9. 시술 후 1주일간, 과격한 운동, 사우나, 강렬한 햇빛 피해야 함
10. 융비술 시행한 경우 1주일간 안경착용 금지
11. 입술증강술 후 혀로 핥으면 안되고, 1주일간 kiss 금지
12. 통증, 발적, 홍반 같은 현상이 3~5일 이상 지속 될 시 시술 받은 병원 내원
13. 시술 후 4주간 피부 박피술 금지

키스를 부르는 마법의 미소, Smile Design
Perfect smile line 개선 프로젝트

U자형 스마일라인 만들기

입과 입술에
관한 이야기

예로부터 입은 건강 상태를 가늠하는 잣대로 이용되었다. 그래서인지 화장을 잘 하지 않는 여성일지라도 입술만은 꼭 화장을 해 생기 있게 보이려고 한다. 입은 아주 섬세한 부분이다. 따라서 입술이 넓거나 좁음에 따라, 또는 크고 작음에 따라 외모가 크게 차이가 날 뿐 아니라 입술 색을 보면 혈색이 좋은지 나쁜지를 금방 알 수 있어 건강 상태를 체크할 수도 있다.

그러나 현대에 이르러서는 입을 성적인 면으로 많이 봄으로써 미에 대한 기준이 많이 변화되었다. 입과 입술에 대한 관심과 척도가 섹시함에 머물러 많은 여성들이 섹시한 입술을 원하고 있다. 20~30년 전만 해도 앵두같이 작고 야무진 입술이 제일 예쁘다 생각했으나, 지금은 외국의 섹시스타 마릴린 먼로, 소피아 로렌, 브리지트 바르도, 안젤리나 졸리 등의 입술처럼 크고 도톰한 입술이 활기차고 솔직한 인상을 풍기는 입술을 선호하게 되었다.

🌱 … 아름다운 입술이란?

그렇다면 아름다운 입술은 어떤 입술인지 구체적으로 알아보자.

입술은 이마에서 턱까지의 길이 중 1/3에 해당하는 인중에서 턱 끝까지의 길이의 1/2에 위치해 있는 것이 가장 좋다. 또한 코끝에서 턱 끝까지 선을 그었을 때 입술이 선에 닿지 않아야 한다. 그러나 우리나라 사람들은 평면적 얼굴이 많아 상대적으로 입이 돌출된 듯 보인다. 입술은 아무리 예뻐도 코의 폭이 입술의 가로 길이보다 크면 이상하게 보인다. 그리고 입술이 눈 길이보다 2배 이상 길면 그것 또한 어색하다.

입술의 적당한 길이는 엄지와 새끼손가락을 제외한 세 손가락을 입에 대었을 때 손이 남지도 모자라지도 않는 입이며, 가장 이상적인 입의 폭은 보통 눈동자의 내측 거리와 같다. 입술의 두께는 윗입술이 7~9mm, 아랫입술은 9~11mm일 때 가장 이상적이다[1].

🌱 … 이상적인 입술의 모양

이상적인 입술의 모양은 윗입술이 아랫입술보다 전방으로 약간 나와 있으며 윗입술에서는 빨간 부분의 중앙부가 약간 돌출 되어 있어야 한다. 모나리자의 입술처럼 입술의 양끝이 약간 치켜 올라가 항상 미소를 머금은 듯이 보이고 투명한 빛과 윤기를 띤 붉은 색으로 보이는 것이 좋다. 입술의 색깔은 의학적으로도 건강 진단에 좋은 근거가 된다.

입술의 붉은 부분을 홍순이라 하는데, 홍순은 각화 현상이 잘 안 일어나는 상피층으로 덮여 있으며, 이 상피층에는 엘레이딘eleidin이 풍부하여 투명도가 높아 진피의 모세혈관이 잘 투시되어 붉은 색을 띤다. 빈혈이나 심장병 같은 혈액 및 순환기 계통의 상태는 물론이고 소화기 계통에 이상이 생겼을 때도 가장 먼저 입술이 창백해지거나 빛깔이 변하고 윤기를 잃는다. 따라서 윤기 있고 건강한 붉은빛을 띤 입술을 소유한 여성은 건강해 보이고 표정이 밝아 보이며 아름다워 보인다. 물론, 입술 모양이나 색깔은 입술 화장으로 얼마든지 고치고 색깔에 변화를 줄 수 있다. 어떤 모양과 색깔로 하느냐에 따라 얼굴전체 분위기와 인상이 달라지기도 한다. 입술이 너무 작거나 크고, 외상에 의한 변형이 있는 경우에는 화장으로 감출 수도 있다.

입술은 구강 연조직과 같이 매우 재생력이 강하지만, 한번 손상되면 원상회복이 힘든 구조로 되어 있다. 입술과 코가 연결되는 중간 부분의 인중은 입 주위 근육이 정교하게 엮여 만들어져 있고 입술의 빨간 부분과 피부가 연결되는 부분은 약간 돌출돼 융기를 이루고 있으며 융기된 부분의 색깔은 주변보다 하얀 색깔을 띠는 특수한 조직으로 이루어져 있다. 이러한 부위는 손상 시 원상회복이 어렵기 때문에 특히 조심해야 할 것이다.

만약, 이상적인 입술에, 입꼬리까지 올라가 있다면, 본인은 물론 바라보는 사람까지 미소 짓게 하는 완벽한 입술과 입매라인일 것이다.

입꼬리가 올라간
U자형 스마일라인

기본적인 '스마일페이스닝'을 통해 근육을 이완시키는 과정과 함께 어느 정도 자연스럽게 웃는 연습을 했다면, 이제 더 아름다운 스마일라인으로 다듬어야 할 때다.

'스마일라인'이란 웃을 때 앞니를 드러나게 하는 윗입술과 아랫입술 윗부분이 만드는 가상선임은 이미 잘 알고 있을 것이다. 그런데 매력적으로 웃으려면 이 스마일라인이 U자형의 선을 그려야 한다. 아랫입술은 자연스레 U자가 그려지지만, 윗입술이 살짝 U자를 그리는 것도 중요하다. 이를 위해선 웃을 때 입꼬리는 야무지게 올라가야 한다.

성공적으로 제대로 잘 웃는 방법은 바로 양쪽 눈꼬리를 연결하는 선과 입 모양이 역삼각형을 이룰 때다. 입꼬리를 최대한 귀밑까지 끌어올리며 웃어야 하고, 웃을 때 입술이 삐뚤어지지 않고 반듯하게 대칭형이 이루어질 때 가장 아름답다. 선천적으로 가만히 있어도 입꼬리가 올라가는 사람도 있지만, 우리나라 사람들 중엔 입꼬리가 위로 당겨져서 올라가는 사람보다 올라가지 않는 사람들이 훨씬 더 많다. 하지만 '입꼬리 올리기' 연습을 열심히 하면 얼마든지 U자형의 스마일라인을 연출할 수 있다. 이 U자형 스마일라인은 자신감을 불러일으켜 자신의 능력을 한껏 발휘하도록 해줄 수 있다. 그런 의미에서 이 스마일라인을 완성하는 것은 매우 중요하다.

🌱 … 입꼬리를 올리는 초간단 운동

1. 빨대나 볼펜대를 입에 물고 최대한 입꼬리에 바짝 가까이 댄다.
2. 입꼬리가 올라가 있을 것이다. 최대한 예쁘게 웃어보자.
3. 이 습관을 몇 주만 열심히 해보자. 미소에 자신이 생길 것이다.

입꼬리를 올려주는 근육운동과 웃는 연습을 하루에도 몇 번씩 생각날 때마다 거울을 보면서 꾸준히 해 보자. 약 1개월만 지나면 웃는 얼굴이 몰라볼 정도로 매력적으로 변할 것이다. 가장 좋은 것은 가만히 있어도 입꼬리가 살짝 올라갈 정도가 되었을 때다. 이 정도가 되면 평소의 표정에서도 웃음을 띤 듯 온화해 보인다.

Tip!

여성이라면 립스틱을 활용해보자.

입꼬리를 깔끔하게 보이게 하는 데 한 몫 하는 것은 바로 립스틱.
반드시 립펜슬이나 립브러시를 이용해서 입꼬리에서 입술 선 쪽으로 향하게 그려주는 것이 좋다.
그리고 입술꼬리에서 2~3mm정도 올려서 입꼬리를 그려주면, 입을 다물거나 웃을 때나 입꼬리가 올라가 보여 산뜻해 보일 수 있다.

관상학에서
본 입꼬리

못난이 삼 형제 인형을 살펴보자.

좌측부터 보면, 각각 우는 표정, 웃는 표정, 화난 표정이다. 눈매를 보면 1번과 2번의 눈이 거의 같다. 입 모양을 보면, 1번과 3번은 입꼬리가 내려갔고, 2번은 올라가 있다. 기쁜 감정과 슬픈 감정은 입매에서 드러날 수 있다는 말이다.

못난이 삼 남매(삼형제) 인형

사람은 같은 표정을 자주 반복해서 짓게 되면, 얼굴에 그 표정이 고착된다. 그래서, 스마일페이스닝과 같은 웃는 연습을 하라는 것이다. 자주 웃는 사람은 가만히 있어도 웃는 표정이 얼굴에 남아 있고, 자주 우는 사람은 가만히 있어도 우는 표정이 되고, 자주 화를 내는 사람은 가만히 있을 때도 화를 내는 표정을 짓게 된다. 이렇게 어떤 사람이 자주 지었던 표정은 그 사람의 생활환경이나 습관과 관련이 있는데, 자주 지었던 표정의 흔적이 바로 관상의 단서가 될 수 있다.

관상학에서 보면, 입꼬리가 올라가 웃는 것 같은 인상의 입 모양을 가진 사람은 평생 복이 있고 직업도 안정되어 있지만, 반대로 입꼬리가 아래로 처진 모양은 심술난 것 같은 인상인데, 이런 사람은 신경질적이며, 남에게 시비를 잘 거는 성향이 있다고 한다. 또 금전 운도 좋지 않아서 수입보다 돈 쓸 일이 많은 상이라 한다. 입꼬리가 올라간 타입은 하늘에서 재물을 받는 모습이고, 입꼬리가 내려간 타입은 재물을 그대로 땅으로 흘려버리는 모습으로 풀이한다[2]. 입꼬리가 올라간 입 모양은 'U'자 모양이 되어서 그릇이 바로 선 모양과 같아 복을 잡을 수 있지만, 입꼬리가 내려간 모양은 그릇이 엎어진 모양이라 복을 담을 수 없다고 해석한 것이다.

🌱 … 입꼬리가 처졌을 경우

관상학에서 입꼬리가 처졌을 경우 재물 운은 물론 이성 운도 없고, 실제 생활에서도 항상 화나거나 우울한 표정을 지으며, 주위와 융합이 힘들고 독단적이라 한다.

🌱 … 입꼬리가 살짝 올라간 경우

관상학적으로 애교형 입술이라 하여 "웃는 얼굴에 침 뱉으랴"는 속담처럼 재물 운도 있으며, 이성 복과 함께 사교적이고 친밀감 있는 성격을 가지고 있다고 한다.

입꼬리가 올라간
사람의 성격

　그럼, 입꼬리만으로 성격을 구분지을 수 있을까? 다음은『스눕snoop :
상대를 꿰뚫어보는 힘』이라는 책(161~171페이지)에 나오는 5대 성격을
추정할 수 있는 겉모습에 대한 표이다[3].

외향성	세련된 외모, 매력적인 외모, 명랑해 보임, 편안해 보임, 미소 가득한 표정, 친근한 태도, 자신감 있는 표현, 힘찬 목소리, 카메라를 외면하지 않음
친화성	부드러운 얼굴 생김새, 친근한 표정, 명랑해 보임, 편안해 보임
성실성	
신경성	어두운 색상의 옷, 병약해 보임
개방성	매력적이지 않음, 지저분함, 정돈되지 않음, 병약해 보임, 창조적으로 보임, 전통적이지 않음

이 중 '성실성' 항복만 빈칸인데, 그 이유는 성실성은 겉모습만으로 판단하기가 가장 힘든 성격이기 때문이라 한다. 어쨌든 이 표를 참조한다면, 입꼬리가 올라간 얼굴과 관련한 성격은 '명랑해 보임'과 '미소 가득한 표정' 등이 속해있는 '외향성'과 '친화성'이다. 따라서 입꼬리가 올라간 사람은 외향성이 높거나 친화성이 높다고 할 수 있다. 반면, 입꼬리가 내려간 사람은 이와 반대된다고 해도 과언이 아닐 것이다.

『스눕snoop (95페이지)』에 나온 바에 의하면, 친화성이 높은 사람은 남에게 도움을 주고 사심이 없으며 동점심이 많고 친절하며 용서하고 신뢰하고 사려 깊으며 협조적이다.

또한 외향성이 높은 사람은 외향성이 낮은 사람보다 사교활동에 더 많은 시간을 쓰고, 말이 더 많으며, 파티를 좋아하고 관심의 대상이 되고 싶어한다. 또 외향적일수록 낯선 사람과 빨리 사귄다. 『성격의 탄생』(대니얼 네틀 저, 김상우 역, 와이즈북(2009)· 106페이지) [4].

독자들은, 내가 의사이면서 첫인상이니 관상학에 대해 관심을 가지는 것을 알면, 의아할 수도 있다. 하지만 사회생활을 하다 보면, 실제로 대인관계에 있어 누군가를 처음 만날 때 첫인상을 중요시하게 되는 것이 사실이다. 첫인상에서 받은 선입견이 나중에 뒤집어지는 경우도 많지만, 어쨌든 처음 자리잡은 인상은 바로 말 그대로 첫인상이 된다.

대부분의 경우 '눈'을 보며 전체적인 분위기를 통해 첫인상이 각인된다고 한다. 하지만 어떻게 보면 첫인상은 눈이 아닌 '입매'라 해도 과언이 아니다. 입매가 축 처졌을 경우 다소 우울한 인상을 주며, 양끝이 적당히 올라가 있는 경우는 밝고 산뜻하며, 다정다감하거나 자신감 있는 사람으로 보인다. 실제로 잘 웃는 사람은 실제 성격이 둥글둥글하거나 시원한 경우가 많았다.

🌱 ⋯ 입꼬리 올리는 방법 : 비수술요법

● **기구 활용하기**

예전엔 입꼬리를 올리기 위해 가장 많이 하는 것이 볼펜대를 물고 발성연습하기였는데 최근에는 한때 일본에서 한창 인기가 있던 입꼬리를 올리는 기구를 구입해 연습하는 사람들도 많아졌다.

와이키키 미소교정기(상품명)

● 페이스 요가

페이스 요가는 스마일페이스닝의 한 방식이라 할 수 있는데, 얼굴의 경락과 근육을 자극해주는 효과를 주어 부드럽고 자연스럽게 입꼬리를 올릴 수 있게 한다. 먼저 숨을 들이 마시면서 입꼬리를 왼쪽으로 비웃듯이 올려주는 모양을 3초 정도 유지해 주고(10초까지 가능) 숨을 내쉬면서 다시 제자리로 돌아온다. 이런 방법으로 양쪽을 연속 3번씩 해 준다.

양쪽으로 3번씩 했다면 이제 5초간 숨을 천천히 내쉬고 들이마시면서 양쪽 입꼬리를 올려준다. 이렇게 3초 정도 유지하고 다시 제자리로 돌아오면 된다. 이 과정 또한 3회 반복하면 된다. 그러면 자연스럽게 입꼬리 부분이 올라갈 수 있다.

처음에, 입꼬리 올리는 것이 힘들다면 거울을 보면서 양 손으로 입꼬리를 잡아 주는 것도 좋다.

🌿 ··· 좋은 인상을 만드는, 입꼬리 올리기 연습법

KBS 2TV 〈스펀지〉라는 프로그램에서 좋은 인상 만드는 법으로 입꼬리 올리는 법이 나왔던 적이 있다. "위스키"나 "개구리 뒷다리"라고 말하면서, 그 상태를 10초 정도 유지해주는 것이다. 이것 역시 거울을 보면서 하면 더욱 좋다.

● 웃는 얼굴 만드는 트레이닝법

－　눈썹을 올리고
－　윙크를 여러 번 한다. "윗크-윙크-윙크-윙크"

- 얼굴 전체를 모으고 쭈욱 뺀다.
- 입에 바람을 가득 넣는다.
- 입꼬리는 올리고 (양 손가락으로 잡고 있어도 좋다).
- "개구리 뒷다리"라고 말하면서, 그 상태를 10초간 유지한다.

다만, 이 방법들은 시간이 많이 걸리고, 그 효능이 다소 미비할 수 있다. 그래서 최근 많이 하는 시술이 입꼬리 성형이다.

입꼬리 올림성형
: 보톡스 vs 조커수술

대부분의 경우에 입꼬리가 처진 원인을 살펴보면, 상악위턱이 길기 때문인 경우가 많은데 근본적으로는 상악골의 길이를 줄여서 얼굴 중간 부위를 짧게 올려주면 입꼬리는 자연히 올라가서 정상화 된다. 실제로, 상악이 길다는 말은 인중이 긴 경우에도 해당하는데, 긴 인중은 생기가 없어 보이거나 나이를 들어 보이게도 한다. 이를 개선하기 위해선, 치아 교정을 통해, 윗니를 전체적으로 위로 올려주거나 악교정 수술을 병행하는 것이 가장 좋다.

하지만 치아교정을 하지 않은 경우나 교정치료 후에도 여전히 입꼬리를 올리는 게 쉽지 않은 경우, 가장 쉽게 할 수 있는 입꼬리 올림성형술은 바로 '보톡스 주사요법'이다. 즉, 간단히 입꼬리 내림근 부위에 보톡스를 선택적으로 시술받으면 된다. 보톡스의 특성상 시간이 지나면 서서히 원래대로 돌아가므로, 필요에 따라 주기적으로 맞아야 한다. 수술을 생각하고 있는 사람이라면, 가역적 치료법인 보톡스 시술을 먼저 해 볼 것을 권하고, 보톡스 주사법을 활용하면 비대칭 입매나 거미스마일을 동시에 교정할 수도 있다.

그외 수술 없이 간단한 방법으론, 입꼬리 쪽으로 실을 넣어 하는 '실리프팅' 치료법이 있다.

가장 빠른 교정법은 일명 '조커수술'이라고도 불리는 '입꼬리성형' 혹은 '입매성형술'이다. 입꼬리쪽 피부 하방의 입꼬리올림근을 재배치하고 입꼬리 내림근은 활성화되지 않도록 하는 방법인데, 입가에 흉터가 남을 수 있으므로 주의해야 한다. 또 자신의 얼굴에서 나머지 이목구비와의 조화를 충분히 고려할 때 아름다운 입매가 생긴다.

입매교정을
위한 치아교정

대부분의 경우 입꼬리 올림은 근육에 의한 것이라고 생각하는 경향이 있지만, 스마일라인의 테두리를 결정하는 것은 바로 치아의 배열이다. 만약 한쪽 부위의 송곳니가 덧니일 때는 스마일라인의 비대칭이 일어나는 경우가 많고, 윗니 중 대문니가 조금 더 길면, 스마일라인은 오히려 U자에 가까이 변한다. 일반적으로 아름다운 치아배열의 관점에서는 치아 절단면을 연결한 가상선 부위에서 대문니와 측절치는 0.5mm 정도 차이가 나는 게 좋다. 물론, 대문니에 비해 측절치가 0.5mm 짧고, 송곳니는 대문니와 같은 길이인 경우가 좋다.

윗니의 교합평면이 한쪽만 올라가 있으면, 스마일라인 역시 비대칭이 일어나며, 교합평면이 반대로 뒤집어져 있는 경우에는 스마일라인 중 최외곽부위인 입꼬리 부위가 함께 내려올 수밖에 없다. 이런 상태로 아무리 스마일운동 스마일페이스닝을 진행해도 근본적인 해결은 되지 않는다.

윗니의 교합평면은 편평하거나 어금니 부위가 아래로 살짝 내려와 있어, 보통 부드러운 U자형 커버를 이루는 경우가 많은데, 이러한 부드러운 선이 앞니에 연결되면서 자연스러운 스마일라인과 입꼬리를 만드는 데 일조한다. 실제로 아랫니와 윗니는 다음의 이미지처럼 스피만곡Curve of spee[5]와 윌슨만곡Wilson's curve, Curve of Wilson[6]을 이루고 있다. 특히, 윗니의 교합평면은 윌슨만곡과 더 많은 관련이 있고 이러한 만곡에 의해 입꼬리가 자연스럽게 올라갈 수 있다고 봐도 과언이 아니다[7].

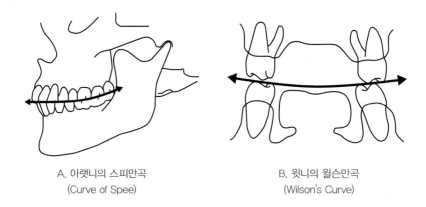

A. 아랫니의 스피만곡   B. 윗니의 윌슨만곡
(Curve of Spee)   (Wilson's Curve)

그런데, 뒤집힌 형태인 경우엔 입꼬리가 내려가는 형태가 된다. 이러한 가장 큰 예가 어금니의 정출extrusion에 의한 개방교합open bite이 발생한 경우다. 즉, 앞니는 들려서 개방되어 있고, 어금니만 교합이 되고 있는 경우가 바로 그렇다. 대부분의 경우에서 구강건조증과 턱관절 증세를 일으키므로 반드시 이루어치아교정을 해 줘야 한다. 개방교합이 나타나는 사람들에게 나타나는 전형적인 증세는 이 외에도 입꼬리가 내려간다는 점이다.

실제로, 치아교정을 통해 개방교합을 개선해 주면, 입꼬리도 자연스레 올라가게 되는 경우가 많다. 개방교합의 해소를 위해 가장 많이 행해지는 것은 어금니 부위를 압하intrusion시키면서 상대적으로 앞니 부위가 서로 맞물리게 하는 방식, 혹은 앞니만 교정용 고무줄을 끼게 하여 직접적으로 닿게 하는 방법이 있지만, 돌출입 교정과 마찬가지로 발치교정을 하면 입도 들어가고 개방교합이 쉽게 해소된다.

치아교정이든 위턱을 포함한 악교정수술에서든 모두 입이 들어가고 상악의 길이가 짧아지는 결과가 오는데 이에 따라 어떠한 방식을 이용하든지 돌출입교정에서 비슷한 방식으로 입꼬리가 올라가는 결과가 발생한다. 물론, 모든 돌출입 치아교정 후에도 입꼬리가 반드시 올라가는 것은 아니다. 치아교정을 선택했다면, 치아교정 기간 동안 근육이 적응하기 위해 웃는 연습을 병행하면 치아교정 장치 제거 후, 입꼬리가 올라가는 효과가 크다. 내가 진료실에서 자주 하는 이야기 중 하나가 치아교정 기간은 근육을 활성화하기에 참 좋은 시간이라는 것이다. 교정 기간 동안 치아교정 장치를 감추기 위해 입을 가리거나 웃지 않으려고 노력하기 보단, 오히려 활짝 웃으면서 미소 짓는 연습을 하면 치아교정이 끝남과 동시에 아름다운 미소까지 손쉽게 얻게 될 것이다.

닮고 싶은 연예인의
스마일을 연구하라

　우리나라 사람들은 대부분 웃거나 미소 짓는 것이 서투르다. 얼굴에 감정이 드러나는 것을 절제하라고 교육받고 자랐기 때문에, 웃는 것이 익숙하지 않은 것이다. 하지만, 연예인들은 얼굴 가득 미소를 지으면서, 카메라 너머까지 그들의 풍부한 감정을 그대로 전달해 준다. 심지어 할리우드 배우 못지않은 아름다운 미소의 소유자들도 많다.

　아름다운 미소를 짓는 사람을 떠올리라고 하면 대부분 환하게 웃고 있는 연예인의 얼굴을 떠올릴 것이다. 연예인의 미소는 매력적이고 자신을 충분히 어필한다. 다이어트를 할 때 목표 설정을 위해, 날씬한 모델이나 연예인 사진을 벽에 붙이고 식이요법과 운동을 하는 것처럼, 미소에도 반드시 롤모델이 필요하다.

　모든 연예인의 미소가 똑같지는 않다.

만약, 웃을 때 눈이 작아지는 사람이라면 눈웃음을 능숙하게 짓는 여자 가수와 같은 미소를 연구해 보는 것이 좋겠다. 하지만, 눈웃음이 싫어서 웃을 때 눈을 조금이라도 크게 뜨고 싶다면 다른 사람을 모델로 삼아도 좋다.

단아한 미소를 지닌 연예인도 많다. 부드러운 인상과 눈빛과 함께 입꼬리만 살짝 올리는 스마일라인은 우아해 보인다

남성 연예인 중에도 시원한 미소, 터프한 미소, 수줍은 미소 등을 짓는 사람들을 쉽게 찾을 수 있다. 텔레비전을 굳이 가까이 하지 않는 경우라도, 손가락만 까딱하면 인터넷상에서 환하게 미소 짓고 있는 다양한 연예인 군단을 볼 수 있다.

주의해야 할 사항은 미소는 입으로만 스마일라인을 만드는 것이 아니라 눈도 함께 웃고 있어야 한다는 점이다. 실제로 미소를 짓고 있는 많은 연예인들이 입으론 웃고 있는데 눈빛은 슬퍼 보이는 연예인도 있고, 웃지만 미간에 주름이 생기는 연예인도 있다. 이런 사람들은 자칫 억지웃음을 짓는 것처럼 보일 수 있다. Part 2 에 나온 것처럼 진짜 미소를 지을 때는 반드시 눈도 함께 웃고 있어야 한다.

개성을 중요시하는 연예인에게서 천편일률적인 미소를 바라는 것은 아니지만, 직업이 대중의 사랑을 먹고 사는 연예인인 만큼 눈이 함께 웃지 않는 아이러니한 이러한 미소는 오히려 가식적인 가짜 미소로 보이게 될 수 있으므로, 노력을 해서라도 바꿀 필요가 있을 것이다.

키스를 부르는 마법의 미소, Smile Design
Perfect smile line 개선 프로젝트

Part
09

인생을 바꾸는 자신만의
스마일디자인

스마일라인만큼
중요한 눈

웃을 때 눈이 먼저 웃는가, 입이 먼저 웃는가에 대한 의견은 다양하다. 하지만 정말 즐거워서 미소를 짓는다면, 입보다 눈빛이나 눈이 동시에 혹은, 먼저 변해야 한다. 즉 눈의 미소가 나중이 아니라, 오히려 입이 미소짓는 것보다 먼저 이루어져야 한다. 그러기 위해서는 다음을 따르는 것이 좋다.

눈도 같이 웃는 연습
상대방을 바라보면서 미소 짓기
당당한 눈빛, 자신감 넘치는 미소
부드러운 시선 유지
한 곳을 바라보기 힘들다면, 눈으론 웃으면서 잠시 다른 곳을 바라보자.

🌿 ··· Step 1. 눈 미소(눈웃음) 훈련

눈은 마음의 상태를 그대로 반영한다.

눈에 직접적으로 물리적인 훈련을 적용할 수는 없으므로 심리적 자극을 주는 방식으로 훈련한다. 먼저 거울을 보면서 자신의 눈이 웃을 때와 웃지 않을 때가 어떻게 다른지 체크해 보고 의식적으로 눈의 변화를 시도해 본다. 가장 중요한 것은 눈의 안쪽 근육이 아니라, 바깥쪽 근육을 긴장하면서 웃어야 자연스러워 보인다는 점이다.

이 훈련을 매일 반복한다. 많은 시간이 걸리는 것이 아니라, 앞서 말한 것처럼 하루에 단 3분이면 된다. 무엇보다 항상 자신의 눈이 웃고 있음을 느낄 수 있도록 늘 의식하면서 생활해야 한다. 실제로 즐거워서 웃는 웃음을 잘 살펴보면, 입보다 먼저 눈빛이 기쁨으로 변화하는 것을 알 수 있다.

- 이때, 맑고 선한 눈매를 유지하는 것이 좋다.
  평소에 눈을 뜨고 눈동자를 상하좌우로 열을 세면서 둥글게 5~6회 굴리는 운동은 많은 도움이 될 것이다.
- 부드럽고 안정적인 눈매를 만드는 것도 중요하다.
  이를 위해 얼굴은 움직이지 말고 시선만 오른쪽 옆으로 옮겨 본다.
  시선을 오른쪽으로 옮기기 전에 앞쪽 아래를 쳐다본다.
  다시 시선만 오른쪽 옆으로 옮겨 본다.
  그런 다음, 좌측에서도 똑같이 반복해 본다.

🌱 ··· Step 2. 입 미소 훈련

눈이 미소의 시작이라면 입은 미소의 확장이다.

입의 모양에 따라 가장 많은 근육이 움직이기 때문에 입 미소를 지을 때 미소가 가장 잘 드러난다. 가장 이상적인 입 모양은 윗입술과 아랫입술 사이에 윗니가 가지런히 놓인 상태다. 이때 양쪽 입꼬리가 처지지 않은 상태를 유지한다면 더욱 좋다. 그런데 항상 이 모양을 유지하기란 불가능하기 때문에 모양 유지가 필요한 순간마다 "김치", "위스키", "쿠키", "와이키키" 등을 발음하면 도움이 된다. 승무원이나 아나운서를 준비하는 사람들 중 입꼬리가 잘 안 올라가는 사람은 볼펜대나 카드를 물고 웃는 연습을 하기도 한다.

말하면서
웃는 연습하기

앞서 말했듯이, 웃을 때는 전체 얼굴과 조화를 이룰 수 있어야 한다. 만약 미소를 짓는다고 해서 입만 웃게 되면, 억지 웃음과 같은 표정을 짓게 된다. 앞서 얘기한 것처럼 가장 편안하고 자연스러운 미소를 짓는 것이 중요하다.

편안하고 자연스러운 미소를 지을 때는 입 주변의 근육뿐만 아니라, 볼 근육과 턱 근육, 그리고 눈 주위 근육은 물론 이마 근육까지 함께 차례차례 움직이게 된다. 이것은 따로 작용하는 것이 아니라, 하나로 연결된 유기체처럼 거의 동시에 작용한다. 사람에 따라선 눈이 먼저 웃기도 하고, 입이 먼저 웃기도 한다. 어떤 사람은 웃을 때 눈을 치켜뜨며 이마에 주름을 만들 정도로 온 얼굴근육을 함께 쓰기도 한다.

치아와 입술, 그리고 윗쪽으론 입꼬리, 광대주변의 볼 근육, 눈 주위 근육, 이마가 하나의 유기체가 되고, 아래쪽으로는 입술 하방의 턱 근육과 목 근육까지 전체적으로 연결된다.

다만, 이러한 미소는 가만히 있을 때는 비교적 쉽게 만들 수 있다. 하지만, 말하기 시작하면 이내 곧 미소가 사라지는 경우가 많다. 즉, 말하면서 웃는 연습도 필요하다. 말할 때 나타나는 미소는 미소의 완성이다.

이 항목에는 특별한 훈련보다는 요령이 필요하다 생각해도 무방하다. 몇 가지 자신이 선택한 멘트를 통해 반복 연습하면 된다. 단 멘트의 길이를 점차 늘려 가도록 한다. 예를 들어, 처음에는 "오늘 날씨가 참 좋습니다"나 "반갑습니다, 별일 없으신지요" 등의 짧고 밝은 멘트를 선택한다. 일주일 단위로 조금씩 말을 늘려 최종에는 한 페이지 정도의 양이 되도록 한다. 연습할 땐 혼자 중얼거리는 것보다 거울을 보며 자신의 표정을 체크하고, 동영상으로 촬영해서 자신의 모습을 모니터링해 보면 그 효과는 더욱 크다.

자신이 스스로 컨트롤 할 수 있으려면 몇 개월의(2~3개월)의 시간이 걸리기도 하니, 중도에 중단하지 말고 지속적으로 훈련하도록 하자.

🌱 ⋯ Step 3. 말하면서 짓는 SMILE 훈련

말하면서 미소를 짓기 위해선, 입의 근육은 잘 풀려 있어야 하고, 정확한 발음이 이루어져야 한다. 웃는 데만 신경 쓰다 보면, 발음이나 말이 변질될 수도 있다는 점을 명심하자.

'위스키'를 발음해 보자. 자연스럽게 밝은 표정이 될 것이다.

그런데, 온화한 표정만으로는 인상에 남을 수 없고 상대를 성의 있고 진지한 시선으로 바라보아야 한다. "감사합니다. 안녕하세요. 고맙습니다. 미안합니다. 사랑합니다."와 같이 일상생활에서 사용하는 말들을 적절히 사용해 본다.

미소를 짓게 만드는
방법 연구

　눈 미소를 연습하는 요령을 익혔다. 그런 뒤 1달(약 4주)정도 지나면 이번에는 마인드 컨트롤을 통해 거울을 보지 않고도 자신의 눈을 자극할 수 있는 마인드 소재를 하나 준비한다. 마인드 소재는 자신의 마음을 즐겁게 자극할 수 있는 사건이나 사람으로, 어떤 상황에서도 떠올릴 수 있도록 해야 한다.

　앞서 말한 것처럼, 진짜 미소는 바로 좌측 뇌의 앞부분이 활성화된다고 했다. 바로 감정과 연결된다는 의미이다. 실제로 즐거운 생각을 하거나 즐거운 상황에선 눈이 먼저 웃는다. 물론, 어느 것이 먼저냐 단정하긴 어려울 정도로 눈의 미소와 입의 미소는 동시다발적으로 일어난다. 하지만, 신기하게도 훈련으로 만들어진 웃음이라면, 입이 웃으면 눈도 절로 따라 웃게 된다.

- 가장 행복한 순간을 떠올려라.
- 사랑하는 사람을 생각하라.
- 성공한 미래를 상상하라.
- 무엇보다 연습이 가장 좋다.

🌱 ⋯ Step 4. 자가 미소 훈련법

미소를 떠올리면 기분까지 흐뭇해진다. 상대에겐 밝은 인상을 전하고 본인에겐 긍정적인 품성이 자리잡는다. 처음 보는 사람과의 만남엔 자신감이 생기고 긴장된 순간의 실수를 예방한다. 자연스럽게 나오는 미소는 하나의 훈련이자, 나의 경쟁력이다.

- 기억해 두고 싶은 미소에 흥미와 관심을 가진다.
- 그 미소를 뚜렷이 이해한다.
- 표현하고자 하는 미소를 떠올리며 소리내서 웃어 보거나 거울 속에 그려 본다.
- 내가 짓는 미소와 얼굴의 특징 있는 면을 주의 깊게 관찰한다.
- 될 수 있는 한 제스처와 함께 미소를 짓는다.
- 비디오로 촬영한 후 시사회를 갖는다.
- 최선의 미소라 판단될 때까지 보완된 미소를 찾는다.
- 일상 속에 접목시켜 자연적인 미소로 완성시킨다.

감정은 때로는 절제하고 때로는 넘치는 표현으로 표출해야 한다. 이는 단순히 이론적인 것이나 보고 듣는 것으로 이루어지는 것이 아니며 쉽고 적절한 방법으로 꾸준히 반복 연습하면서 본인의 것이 되도록 자연스럽게 습득해야 한다.

미소 지을 때
활용하면 좋은 제스처

자연스러움을 더하는 제스처에는 어떤 것이 있을까?

사진 찍을 때를 상상해보자. 양손에 '브이(V)자'를 그리면서 얼굴에 갖다 대면, 누구나 쉽게 미소를 짓게 된다. 하지만, 손이 없으면 어색한 미소가 연출된다. 양손을 양 볼에 올리는 것도 미소를 유발하게 한다. 미소를 지을 때, 처음에 조금 어색하다면 고개를 한쪽으로 기울여 보라. 사진을 찍을 때도 어색한 경우엔 허리에 손을 얹거나 고개를 한쪽으로 기울인다. 이렇게 하면 저절로 미소는 확장되고, 눈도 함께 웃게 된다. 눈이 먼저 웃느냐 입이 먼저 웃느냐는 상황에 따라 다르겠지만, 거의 동시다발적으로 일어난다.

고개를 들고 통쾌하고 크게 웃는 모습을 지어 보이면 유쾌한 성격의 소유자처럼 보일 수도 있다. 턱을 괴고 웃는 것도 나쁘지 않다. 눈썹을

치켜 뜨면서 고개를 숙이는 방법, 이를 드러내면서 쓰윽 하고 웃는 방법
도 나쁜 것만은 아니다. 코를 찡긋하는 것도 활용하면 좋은 방법 중 하
나이다.

도구를 활용하는 것도 좋은 방법 중 하나인데, 볼펜대를 얼굴에 갖다
대거나 거울을 턱 끝에 갖다 대는 방법도 얼굴근육을 스스로 자극해
미소 짓게 만든다. 인형이나 소품을 안고 있으면, 더 환한 미소를 지을
수도 있을 것이다.

키스를 부르는 마법의 미소, Smile Design
Perfect smile line 개선 프로젝트

스마일라인의 완성을
돕는 각종 치료법

[키 스 를 부 르 는 마 법 의 미 소 , S m i l e D e s i g n]

그럼 나는 어떤 치료를 받으면 될까?

다음중 어디에 해당하세요?

1. 치아가 전체적으로 누렇고 잇몸도 검푸르스럼 합니다. → 치아미백, 잇몸미백

2. 앞니가 모양이 조금씩 이상하거나 약간씩 깨 져 있습니다. → 라미네이트

3. 앞니 치아 하나가 유독 어둡습니다. → 실활치미백, 치아성형

4. 윗니들이 불규칙하거나 서로 겹쳐져있습니다. → 교정, 라미네이트, 치아성형

5. 앞니 부분에 틈이 있습니다. → 교정, 라미네이트, 치아성형

6. 대문니가 너무 크거나 길거나 작습니다. → 라미네이트

7. 앞니가 약간 돌출되어 있습니다. → 라미네이트, 잇몸성형

8. 앞니가 심하게 돌출되어있습니다. → 교정, 치아성형

9. 이전에 받은 보철물이 변색되거나 모양이 마 음에 들지 않습니다. → 치아성형, 잇몸성형, 재치료

10. 치아가 어둡거나 착색이 심합니다. → 치아미백, 라미네이트

11. 잇몸이 많이 부어 있어요. → 잇몸성형, 필요시 라미네이트

12. 아말감으로 치료되어 있어요. → 레진 수복, 레진 인레인

13. 앞니가(윗니, 아랫니) 없어요. → 임플란트, 치아성형

14. 치아가 잇몸이 대칭적이지 않네요. → 라미네이트, 치아성형, 잇몸성형

| 아름다운 미소 3단계 작전

첫 번째, 하얗고 밝은 치아

우리는 좋은 추억은 항상 사진에 담고 싶어 한다. 좋은 추억 사진 속의 밝고 아름다운 미소를 갖기 위해서는 어떤 준비가 필요한지 알아보자. 첫 번째 단계는 하얗고 밝은 치아 만들기 단계다.

▶ 미백, 스케일링

소개팅에 나와서 마음에 드는 상대가 바로 앞에 앉아 있다. 결혼식 주인공인 신랑 신부가 촬영을 위해 아름다운 자태로 서 있다. 텔레비전을 틀어보니 광고 속 관심 있는 연예인이 클로즈업 되어 있다. 이때, 밝게 웃는 그들의 치아가 노랗고 치석이 덕지덕지 붙어있다면? 소개팅 상대의 장점을 파악하기 전까지 나의 기분은 엉망이 되어 있을 것이고, 결혼식 주인공에 대한 부러움과 환상은 반감될 것이며, 신랑 신부 또한 결혼사진을 자주 꺼내 보진 않게 될 것이다. 그리고 광고 속 그 상품은 구입할 일이 없을 것이다. 그만큼 하얗고 밝은 치아는 좋은 이상과 밝은 미소의 기본이다.

하지만 모든 사람들이 원하는 대로 하얗고 밝은 치아를 갖고 태어날 수는 없으며, 우리가 살면서 하얀 치아를 위해 먹는 즐거움을 포기 할 수도 없다. 사람들은 선천적으로 누런 치아를 갖고 있다거나, 음식, 커피, 담배 등으로 인해 치아는 점점 어두워진다. 그렇다면 이런 치아들을 하얗고 밝게 만들어 주기 위한 방법엔 어떤 것이 있을까?

▶ **치아에 손상을 주지 않고 하얗고 밝게 만들어주는 방법 – 치아미백**

치아미백이란 미백 약제 속 카바마이드 페록사이드 성분이 분해되며 방출 된 산소방울이 치아에 침투하여 착색 물질을 세탁해 주는 원리로 모 업체의 세탁기 광고 속 거품과 함께 블라우스, 이불 등 오염된 세탁물들을 하얗게 만들던 탤런트 한가인의 모습을 연상하면 된다.

▶ **치아미백은 치과에서 하는 여러 방식의 전문가 치아미백, 집에서 자는 동안에 하는 자가미백, 속설로 전해 내려오는 민간요법들로 크게 나눌 수 있다.**

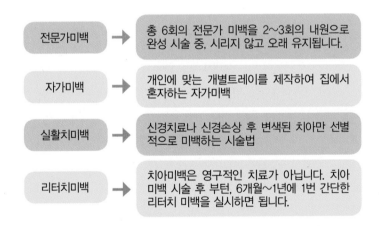

첫 번째로 치과에서 하는 '전문가 치아미백Office bleaching'은 다른 미백제에 비해 비교적 높은 농도의 미백제를 치아에 직접 발라, 레이저나 LED 광선 등으로 치아를

밝게 만드는 기법이다. 단 1~2회 시술만으로도 치아가 밝아지는 것을 확인할 수 있으며 요즘에는 '원데이미백'이라고 하여 하루 혹은 1시간 만에 미백이 완성되는 경우도 있다. 농도를 적절히 조절하면서 원하는 만큼 미백을 진행하게 된다. 단, 미백 약제가 작용하는 정도는 사람에 따라 다르므로, 모든 치료에 있어 횟수와 방식이 약제 반응에 따라 달라질 수 있다. 치과에 내원해야 한다는 번거로움과 다른 미백방법들에 비해 높은 비용이 든다는 단점이 있었지만, 최근에는 비용이 많이 저렴해지고 비교적 빠른 속도로 치아를 밝게 만들어줘 단시간에 눈에 보이는 만족감을 느끼게 해준다. 치과의사와 같은 전문가에 의해 시술이 이루어지므로 중간에 치료를 중단하는 경우는 드물다.

두 번째로 집에서 하는 '자가미백Home bleaching'은 치과에 처음 방문하여 제작된, 내 치아에 맞는 맞춤형 틀에 병원에서 구매한 자가미백 전용 약제를 도포하여 끼고 자거나 생활하는 방법이다. 약제 농도 자체가 병원용 전문가미백제에 비해 낮아 미백의 속도가 느리지만, 내가 노력하는 시간만큼 장기간 사용하면 만족할 때까지 미백을 진행할 수 있으므로 장기간을 놓고 보면 만족도가 더 높을 수 있다. 최근 시중에 여러 미백제가 나오긴 하지만, 농도가 너무 약해 시간이 오래 걸리거나 안전하지 못한 제재인 경우도 있다. 따라서, 자가미백은 반드시 치과의사에 의해 제공되는 약제를 사용할 것을 권한다.

세 번째로 레몬, 식초 등의 음식을 이용한 민간요법을 활용하기도 한다. 이와 같은 방법은 미백의 효과도 거의 없을 뿐더러, 강한 산 성분으로 인해 오히려 치아에 손상을 줄 수 있으므로, 치과에서 시술하는 안정된 약제로 미백을 하길 권한다.

앞서 언급했듯이, 치아미백이란 치아를 무조건 하얗게 만드는 것이 아니라 착색된 노란 성분을 세탁하는 원리를 이용한다. 쉽게 말해, 파란 셔츠를 세탁하면 하얗게 되는 것이 아니라 얼룩이 제거되는 것과 같이, 내 치아의 원래 색상을 찾아 주는치아를 밝게 만들어주는 방법이므로 지나치게 장기간 미백을 한다고 해서 하얀 치아를 갖는 것은 아님을 알아 둬야 한다. 이와 같은 노력으로 밝아진 치아는 평생을 가는 것이 아니라, 시간이 지남에 따라 먹는 음식과 습관에 따라 다시 변색되어 간다. 밝은 치아를 계속 유지하고 싶다면 touch-up과 건강한 구강 관리 습관을 가질 것을 권장한다. 식사 후 항상 잇솔질하는 습관을 갖고 정기적6개월~1년으로 미백을 지속적으로 진행한다면 처음과 같이 오랜 시간과 비용을 투자하지 않고 밝은 치아를 유지할 수 있다.

그 외에 '실활치미백'이 있다. 위의 미백기법들이 생활치vital tooth, 살아있는 치아에 하는 미백이라면 실활치미백은 말 그대로 치수치아신경, pulp의 생활력이 없어진 치아non-vital tooth에 하는 치료법이다. 치과에 내원해 실활치 전용 미백제를 치아 속에 넣고 주기적으로 교체해줘야 하므로 'Walking bleaching'으로 불리기도 한다. 농도와 기전에 따라 1~2주 정도 소요될 수 있다.

▶ 걸어다니면서 하는 실활치 치아미백 '워킹블리칭'

치아 중 유독 1~2개의 치아만 어둡거나 치아에 충격을 받은 후 뒤늦게 변색이 되는 경우도 있다. 이럴 때는 걸어 다니면서 받는 미백이라고 불리는 '워킹블리칭Walking bleaching'이 필요하다. 다른 말로는 실활치미백Non-vital tooth whitening이라고도 한다. 이미 신경이 손상되어 변색된 치아에만 하는 특수 치아미백법이다. 따라서 신경이 살아있는 치아를 미백하는 전문가미백이나 자가미백과는 다른 방식으로 진행된다.

▶ 적응증

– 신경치료 후, 변색된 경우

– 보철 수복 전, 변색이 심한 경우

– 부딪힌 후, 치아의 변색이 시작된 경우

– 아무 이유 없이, 몇 개의 치아만 유독 검게 변색된 경우

▶ 시술방법

– 방사선 촬영을 통해 뿌리 속의 염증 상태를 확인한 후, 치아의 정확한 상태를 진단한다.

– 신경치료가 이미 되어 있는 경우라면, 신경치료 물질을 일부 제거하고 실활치용 특수 미백약제를 넣는다.

– 혹은 간단한 신경치료를 통해 치아 속의 오염물질을 제거한 후, 해당 치아에만 특수미백제를 넣고, 1주일 간격으로 원하는 색상이 될 때까지 약제를 교체 반복한다. 대부분 2회 이상 실시한다.

– 나머지 치아에는 전문가미백을 병행하기도 한다.

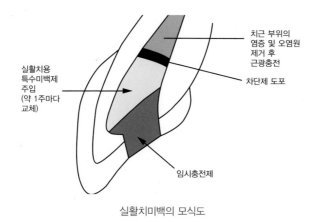

실활치미백의 모식도

실활치미백 시의 주의사항으로는 신경치료를 시행한 치아는 이미 약해진 경우가 많고, 실활치미백을 한 치아에서 추후 흡수가 일어나는 경우도 있어 숙련된 치과의사에게 치료받아야 한다는 것이다. 필요에 따라서는 추가적인 전문가 미백이나, 치아성형 및 심미보철 치료를 하는 경우도 있다.

두 번째, 가지런하고 고른 치아 — 라미네이트, 치아교정

바캉스를 앞둔 여름 시즌에는 스케일링과 치아미백으로 새하얀 치아는 준비했지만, 여전히 자랑스럽게 웃지 못하는 경우도 많다. 치아를 가지런하고 고르게 하기 위해선 '라미네이트' 시술만큼 만족스러운 시술은 없다. 최근 라미네이트의 양상은 치아를 최소량을 다듬는 쪽으로 가고 있다. 심지어 '노컷 루미니어 기법'을 이용해 입이 들어가 보이는 치아는 적절히 나오게 하고, 작은 치아를 크게 만들어 주기도 한다.

실제로 심미치과의 대표적인 시술법 중 하나인 '라미네이트'는 많은 연예인들과 스토리온 TV 〈렛미인〉 사례자들의 아름다운 치아를 만들어 준 비밀 무기이다. 치아의 삭제량은 최소화하면서 새하얗고 가지런한 치아를 갖게 하는 시술법이다. 최근에는 치아의 색상은 A1 또는 B1 색상이나 조금 더 밝게 하는 것을 선호하는데, 전문기공소에서 제작된 치아를 진료실에서 특수 부착용 시멘트의 색상을 조절해, 최종 색상을 결정해 준다. 대부분의 경우에 치아미백을 먼저 한 뒤에 하는 것이 원하는 색상을 만드는 중요한 술식이 되기도 한다. 따라서, 라미네이트 시술시엔 치아미백, 치아성형과 잇몸미백 및 잇몸성형이 한 세트처럼 이루어진다. 최소한 라미네이트 치료 후에는 주변 치아의 색상이라도 밝게 해 주는 것을 권한다.

하지만, 시간이 충분히 허락된다면 치아교정을 하는 것이 좋다. 요즘의 치아교정의 목표는 심미적인 것은 물론, 보다 기능적인 것을 추구하는 교정 방식으로 흘러가고 있다. 특히, 심미 교정 트렌드는 오랜 시간이 걸리는 전체 치아교정이 아니라, 필요한 부위만 선택적으로 치료하는 부분교정이나 간단 교정이다. 전체 교정에 비해 치료 비용도 적고 기간도 확연히 줄어 3~6개월이면 치아교정이 마무리되기도 한다. 필요에 따라서는 미니 스크류나 미니임플란트는 물론, 라미네이트나 심미보철 치료를 병행하기도 한다.

이 치료법은 빠른 치료 기간에 비해 매우 좋은 치료 결과를 기대할 수 있다. 치아교정 기간이 길어질수록 치아가 흡수되거나, 초진 시 턱관절에 문제가 있거나 잇몸상태가 나빴던 경우는 교정 중 더 나빠지는 부작용이 가중될 수 있는데 반해, 이런 가능성은 낮추면서 원하는 치료 결과를 얻을 수 있게 되는 것이다.

이를 위해 Ni-Ti나이타이 와이어 같은 형상기억합금을 이용한 치아교정법을 주로 이용한다. 교정치료를 위한 병원의 재료비용 부담은 증가하지만 환자들은 보다 편안하고 안정적인 치료를 받을 수 있게 된 것이다.

세 번째, 깨끗한 잇몸과 스마일라인 개선 치료

아무리 하얗고 가지런한 치아를 지닌 경우라도, 잇몸이 부어 있거나 냄새가 난다면? 남들 앞에서 크게 말하거나 웃는 게 힘들 수도 있다. 특히 연인 사이에 소곤거리는 경우에 이러한 잇몸 문제로 인한 구취는 더 문제가 된다. 연예인들 중에도 잇몸이 많이 도드라져 보이는 전형적인 거미스마일Gummy smile = Gum : 잇몸 + Smile : 미소을 지닌 경우라면, 크게 웃는 빅스마일big smile이나 풀스마일full smile 보다는 입꼬리만 살짝 올리는 작은 미소 정도만 짓는 경우가 많다. 그러나 아름다운 '스마일라인Smile line; 미소선'을 위한 필수 조건엔 당연히 아름다운 잇몸선도 필수적이다.

치아와 잇몸의 경계를 잇몸선gum line이라고 부른다. 크게 웃었을 때, 윗입술의 경우 잇몸 선과의 간격이 1-2mm정도일 때가 좋다. 아랫입술은 대부분 윗니 치아의 절단면과 맞닿아 있다. 만약, 잇몸 선과 윗입술 사이의 거리가 3mm 이상 넘어가면, 잇몸이 많이 드러나 보이는 거미스마일이다.

이러한 거미스마일을 해소하기 위한 가장 손쉬운 방법은 바로 잇몸성형이다. 잇몸선을 중심으로 치아의 치경부cervical region를 노출시키는 방법인데, 대부분 레이저를 이용해 부분마취 후 시행된다.

그 외에 소대성형술 등으로 많이 노출되는 부위를 레이저를 이용해 간단히 성형해 줄 수 있다. 레이저 잇몸성형과 소대성형술은 모두 출혈이나 부종 등의 부작용이 거의 없는 시술로 치과레이저를 이용해 간단히 시술 가능하다.

다만, 윗입술올림근이 발달한 경우라면 이러한 레이저성형술로는 개선이 제한적일 수밖에 없다. 이런 경우는 이 부위의 근육에 보톡스를 시술하는 방법이 있다. 이 술식은 진료실에서 5분 정도 소요되는 아주 간단한 시술이다. 보톡스 시술법은 구외법과 구내법이 있는데, 치과에서는 주로 구내법을 이용해 근육의 위치에 직접 주사하는 것을 선호한다. 이렇게 하면 얼굴에 주사후 멍이 들거나 출혈이 생기는 등의 가능성이 현저히 낮아진다.

보톡스의 가장 큰 장점은 빠른 시술과 빠른 발현, 만약 원치 않는 변화가 오는 경우 시간이 지나면 환원된다는 특성을 꼽을 수 있다. 만약, 보톡스 시술 후 영구적인 변화를 원한다면 윗 입술 올림근 부위의 움직임을 제한하는 수술을 할 수도 있다. 물론, 이 술식도 이전과는 달리 치과레이저를 이용해 몇 분 내에 아주 간단하게 시술 가능하다. 다만, 일반적인 레이저 시술과는 달리 수술 후 1~2주 가량 재발하지 않도록 근육을 고정해주는 기간이 필요하다.

거뭇거뭇한 잇몸 때문에 고민이라면 치과레이저를 이용한 치아미백을 병행하면 된다. 물론, 경험과 심미안을 요구하는 예민한 술식이기도 하다. 이러한 레이저 시술 후에는 바로 일상생활이 가능하며, 최종 치유에 걸리는 시간은 보통 3~4일 정도면 충분하다.

이제 스케일링과 치아미백으로 새하얀 치아를, 치아교정과 라미네이트로 가지런한 치아를, 최종적으로 레이저나 보톡스를 이용해 아름다운 잇몸선과 미소선을 가지게 되었다면, 거울을 갖다 놓고 웃는 연습을 시작하자.

늘 강조하듯이, 미소를 짓는 데 사용하는 근육은 연습을 통해 발달하게 된다. 연습만 하면 누구나 아름답게 웃을 수 있다.

| 자신있는 미소를 위한 잇몸관리

아름다운 미소를 위해 하얗고 새하얀 치아, 붉은 입술 외에 중요한 것이 한 가지 더 있다. 산호 빛깔의 아름답고 깨끗한 코랄핑크coral pink 잇몸이 그것이다. 크게 웃었을 때full smile, 8~10개의 가지런한 치아가 드러나면서 1~2mm의 잇몸이 보일 때 아름답고 완벽한 미소가 완성되기 때문이다. 너무 잇몸이 많이 보이거나Gummy smile; 거미 스마일, 너무 안 보이는 경우도 문제가 된다.

특히, 잇몸이 너무 많이 보이는 경우는 간단한 잇몸성형으로도 가능하지만, 치조골성형술Alveoloplasty과 함께 웃을 때 입술을 위로 올리게 하는 윗입술올림근을 변화시키는 방법도 있다. 요즘은 치과용 레이저의 발달로 다음과 같은 술식들 또한 아프지 않고 편하게 시술받을 수 있게 되었다. 잇몸성형에는 치료목적의 잇몸치료와 잇몸절제술, 미용목적의 잇몸성형술Gingivoplasty과 잇몸미백술Gum bleaching, 치은미백술이 있다. 레이저 잇몸성형은 치아의 형태에 맞춰 잇몸을 다듬는 술식이며, 레이저 잇몸미백술은 잇몸부위에 침착된 멜라닌색소를 제거하는 술식으로, 간단히 말해 잇몸부분의 어두운 부위를 없애는 술식이다 두 가지 모두 레이저를 이용하는게 특징이다. 이전에는 잇몸치료와 잇몸절제술, 그리고 복잡한 잇몸 수술을 비롯한 잇몸성형과 잇몸미백술 또한 날카로운 치과용 기구를 이용해 시술하다 보니, 치유기간이 1~2주가 훌쩍 넘어갔다. 하지만, 치과용 레이저가 상용화되면서 잇몸치료나 성형술식의 통증은 이제 말끔히 사라졌다. 이미 잇몸성형이나 잇몸미백술을 접해본 사람이면 알겠지만, 치아성형을 할 때 간단한 마취만으로 5분 이내에 모든 술식이 끝난다.

레이저 잇몸성형으로 환하게 웃을 때 드러나는 스마일라인에 포함되는 치아의 길이를 일정하도록 정돈하고, 거뭇거뭇한 잇몸은 코랄 핑크산호빛의 빛나는 잇몸으로 개선한다면, 더욱 아름다운 미소를 지니게 될 것이다.

잇몸미백 vs. 잇몸성형

▶ 레이저 잇몸미백술(Gum bleaching)

치아미백은 많이 들어봤어도, 잇몸미백은 생소한 용어일 수 있다. 하지만, 거울에 한번 자신의 잇몸을 비추어 보자. 멜라닌 색소가 많아 피부가 검은 사람처럼, 잇몸에도 멜라닌 색소가 많으면 검게 보인다. 특히 여성의 경우는 잇몸이 검게 보이면 담배를 피운다는 오해를 받을 수도 있으며, 환하게 웃는다 해도 깔끔한 인상을 받기가 어려울 수 있다.

▶ 간단 잇몸성형술 (Gingivectomy, Gingivoplasty)

간단 잇몸성형술에는 치과수술용 메스를 이용하는 방법이 있는데, 며칠간 출혈이 있을 수 있다. 다행히 요즘은 간단한 마취 후 치과용 레이저를 이용해 출혈 없이 시행되며 시술 직후 일상생활이 가능하다.

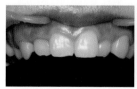
Before gingivectomy

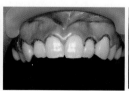
During procedure

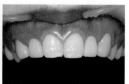
After gingivectomy

▶ **복잡 잇몸성형술 (치관 확장술, Crown Lengthening)**

흔히, 치조골 성형술 혹은 치관확장술이라고도 부르는데, 이 술식은 잇몸 하방에 존재하는 치아를 지지하는 치조골이 잇몸 가까이 있는 경우, 간단한 부분마취 후 잇몸을 열고 직접 치조골을 다듬는 방식이다. 이후에 잇몸성형을 실시하는데, 레이저를 이용하더라도 뼈를 다듬는 술식으로 인해, 부종과 멍이 생기며 단기간의 휴식을 요구한다. 또한, 시술 후 시림증세가 나타날 수 있어 라미네이트나 치아성형 치료를 병행하기도 한다.

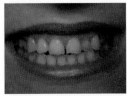 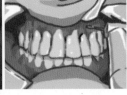 

Before crown lengthening   During procedure   After crown lengthening

Tip) 치아미백, 잇몸미백과 함께 하자.

'단순호치丹脣皓齒' 즉, 붉은 입술과 새하얀 치아는 미인의 상징이다. 그래서, 입술에 붉은 색상을 입히는 반영구 화장술이 유행했는가 하면, 치아미백이 큰 이슈가 되기도 했다. 최근에는 1주일 만에 치아가 새하얗게 되는 영구 치아미백술로서, 라미네이트와 치아성형술이 대두되기도 했다.

보통 1주일에 1-2회 내원해서 치아미백술을 받게 되면, 2~3번의 방문만으로 서서히, 하지만 눈에 띄게 치아가 하얗게 변한다. 정작 본인은 서서히 변하는 과정에서 변화를 느끼지 못하지만, 오랜만에 만난 친구가 새하얀 미소를 보고는 "어!" 하는 감탄사를 자아낼 정도의 변화인 것은 분명하다.

치아미백은 어느새, 1시간 미백, 원데이 미백, 심지어 45분 미백으로 시간이 단축되고 미백치약, 자가미백 등으로 집에서도 비교적 손쉽게 할 수 있게 되었다. 하지만, 치아미백을 하고 나서도 여전히 치아나 잇몸이 칙칙해 보인다면 잇몸이 검은 것은 아닌지 살펴볼 필요가 있다. 이때, 치아미백과 잇몸미백을 함께 하면, 치아와 함께 환해진 잇몸부위 스마일라인의 확실한 개선 효과를 보게 된다. 대부분 거미스마일과 같이 웃을 때 잇몸이 많이 드러나는 경우는 레이저잇몸성형만으로도 답답한 이미지를 벗고 깨끗하고 밝은 미소를 갖게 된다.

건강한 잇몸의 색상은 선홍빛의 붉은빛이 아닌, 산홋빛의 핑크coral pink톤을 띤다. 이에 비해 너무 붉거나 창백하거나 어둡다면, 아무리 깨끗한 치아를 가졌더라도 조화를 이루기가 어렵다. 미스코리아 대회를 준비 중이었던 이 모양(23세)은 흡연과는 거리가 먼 여성이었다. 하지만, 까무잡잡한 피부와 함께 입천장을 비롯한 구강에 전반적으로 얼룩처럼 검은 부분이 보이면서 흡연을 하느냐는 오해를 받기도 하고, 미스코리아의 가장 중요한 요소 중 하나인 Big Smile의 아름다운 미소라인을 만들기가 어려웠다. 그래서 치과를 찾아 치아미백과 함께 잇몸미백 시술을 받았다.

잇몸이 검게 변색된 이유에는 여러 가지가 있다. 먼저 유전적 요인으로 멜라닌 색소가 침착된 경우인데, 이러한 이유로 얼굴이 검은 편인 경우는 구강이나 입술이 검거나 다소 어두운 경우가 많다. 멜라닌 색소의 침착은 얼굴에 나는 점과 같아서 부분적으로 밀집된 형태의 까만 반점을 이루는 경우도 있지만, 넓은 부위에 분포하기도 한다. 입술이 어두운 경우에는 여성의 경우, 틴트나 립스틱 등을 이용해 쉽게 커버가 가능하지만 잇몸이 검은 경우는 가릴 방법이 없다.

후천적으로는 아말감 타투Amalgam tatoo라고 해서 오래된 아말감이 잇몸에 침착되어 아말감 문신이 생기는 경우도 있다. 또한 흡연에 의해 생기는 검은 변색 또한 맑은 인상과는 거리가 멀어지게 만든다.

특히, 국소적으로 분포하는 잇몸의 검은 부위는 간단한 치과 마취 후, 레이저를 이용해 제거하면 된다. 피부과의 박피와 같은 방식으로 아주 간단히 제거되며, 시술 후 바로 일상생활이 가능하다. 시술 시간은 5분 정도 소요된다. 2일간 얼음찜질과 함께 2~3일간 처방된 가글액을 이용해 소독해 주면 된다.

이 외에도 치과용 다이아몬드 버bur를 이용해, 얇게 표면 박피를 하는 경우나 치과용 메스를 이용해 절개해 내는 방식도 있지만, 최근에는 주로 레이저를 이용하는 방법이 재발율도 낮고 치유가 빠르다. 대부분은 1회의 시술로 말끔하게 사라지지만, 경우에 따라 2~3번의 치료가 필요하기도 하다.

'치과에서 하는 이미지성형'이라는 말처럼, 치아미백이나 잇몸성형과 함께 시술 받으면서 이미지 전환까지 이루는 경우가 많아졌다. 레이저로 하는 잇몸 미백은 시술 후 재발하는 경우가 거의 없고 5분 정도로 시술 시간이 짧은 것이 특성이다. 이제 단순히 치아만 새하얗게 하는 것이 아니라, 손쉽게 잇몸까지 더 깔끔하고 예뻐지게 만들자.

거미스마일 시술 vs 수술

이 외에 레이저 잇몸성형과 함께 하면 좋은 치료는 라미네이트를 비롯한 치아성형, 거미스마일 개선을 위한 윗입술 부위에 시술하는 보톡스, 윗입술올림근 성형술, 근육절제술, 점막이동술, 구강전정수술, 골막재배치 수술 및 레이저 소대성형술 등이 있다. 보톡스 시술은 5분도 채 안 걸리는 시술이고, 수술법 또한 이름이 다양하긴 하지만 공통점은 대부분은 레이저를 이용하며, 출혈이 적어 바로 일상생활이 가능하단 점이다.

말의 심하게 드러난 잇몸은 거미스마일gummy smile의 전형적인 예다.

▶ **윗입술올림근 보톡스**

이전에 치과에 주로 사각턱 보톡스를 맞으러 갔다면, 이제는 윗입술올림근에 간단히 보톡스를 맞아 완벽한 스마일라인을 형성하게 하자. 유지 기간이 6개월 정도로 짧지만, 간단하고 부작용이 거의 없는 술식이다. 이 술식은 5분도 채 안 걸리며, 단 며칠이면 발현되어 효과도 금방 알 수 있다.

▶ **윗입술올림근 절단 혹은 성형술**

흔히, 윗입술올림근 절단술 혹은 절제술 이라고도 부르는데, 레이저나 수술용 메스를 이용해, 윗입술올림근을 절단한 후 치과수술용 실로 간단히 꿰매준다. 당일부터 일상생활이 가능하며, 1주일 뒤에 실밥을 풀면 자연스러운 스마일라인이 형성된다. 실로 꿰매지 않는 경우도 있는데 재발의 가능성이 높아 꿰매는 방식을 권한다. 꿰매는 방식을 통해, 근육을 재배치하면, 성형의 효과까지 얻을 수 있다.

▶ **구강전정 성형술**

과도하게 발달한 구강 전정 부위의 잇몸(윗쪽 잇몸 일부)을 레이저나 메스로 절제한 뒤, 서로 봉합하는 방식으로 이루어진다.

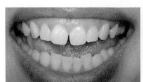 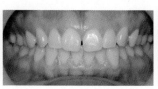 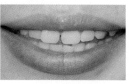

〈거미스마일 시술 전〉
거미스마일이 나타나는
과도한 잇몸

표시된 위쪽 잇몸 부위를 절
제하여 제거한 뒤 남아 있는
부위의 잇몸끼리 맞닿게 하여
봉합해 준다.

〈거미스마일 시술 후〉
자연스러워진 스마일라인

▶ 구강점막 이동술 및 골막성형술

근육은 물론, 점막 부위를 제거하고 끌어당겨 봉합하는 방식이 이용된다. 윗입술 올림근 성형술의 변형으로 볼 수 있다. 만약, 구강점막이 아닌 골막성형술을 동반하게 되면, 팔자주름이 없어지는 효과도 얻을 수 있는 수술로 변형 가능하다.

▶ 입술 내림 성형술 (Lip lowering plastic surgery)

만약, 이러한 수술로도 해결이 되지 않을 경우 입술 자체를 내리는, 보다 직접적인 수술을 시행하게 된다.

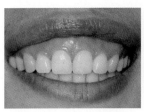
거미스마일 시술 전

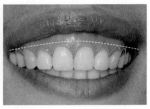
잇몸성형과 입술내림술디자인

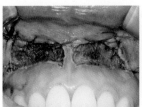
Lip lowering 시술사진

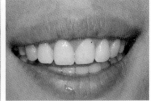
거미스마일 시술 후
단정해진 스마일라인

▶ 윗입술 소대절제술 (협순소대성형술)

입술과 잇몸을 연결하는 협순소대입술소대가 너무 과도한 경우, 대문니가 벌어지는 현상인 '정중이개Diastema'를 유발하고, 나이가 들수록 잇몸을 내려가게 만들어 잇몸 퇴축이나 치경부 마모 및 파임의 원인이 되기도 한다. 이런 경우는 예방적인 차원과 치료목표로 소대절제술을 시행하기도 한다. 이 또한 레이저를 이용하면 간단하고 당일 일상생활 가능하며, 레이저 소대절제술 기준으로 3일 정도면, 불편함이 없다.

▶ 설소대절대술 (설소대성형술)

혀를 내밀면 혀와 아랫입술을 연결하는 긴 끈과 같은 부분이 보인다. 바로 설소대라고 불리는 부위이다. 이것이 과도하면 혀를 내밀면 나비모양의 혀가 되고 발음도 혀 짧은 소리가 나기도 하므로, 일부를 절제하는 수술을 하기도 한다. 이 또한 레이저로 하면 간단히 성형이 가능하다.

거미스마일의 분류

1 치은성 거미스마일 → 잇몸이 붓거나 하여, 치아를 많이 덮어 치아가 짧아 보이는 경우

2 골격성 거미스마일 → 위턱에 과성장하여, 치아와 잇몸이 윗입술 밑까지 내려와 잇몸이 많이 보이는 경우

3 근육성 거미스마일 → 잇몸과 위턱은 정상이지만, 웃을 때 작용하는 근육이 윗입술을 과도하게 올려 잇몸이 많이 보이는 경우

거미스마일의 원인

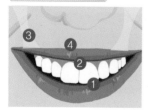

1 잇몸이 붓거나 발달해, 치아가 상대적으로 짧아보이는 경우
2 순소대가 발달한 경우
3 윗입술올림근육의 힘이 셀 경우
4 인중이 발달한 경우
5 골격적 문제 (위턱이 발달한 경우)

1. 치아가 전체적으로 누렇고 잇몸도 검푸르스
   럼합니다.
2. 앞니가 모양이 조금씩 이상하거나 약간씩 깨
   져 있습니다.
3. 앞니 치아 하나가 유독 어둡습니다.
4. 치아가 전체적으로 누렇고 잇몸도 검푸르스
   럼합니다.
5. 앞니가 모양이 조금씩 이상하거나 약간씩 깨
   져 있습니다.
6. 앞니 치아 하나가 유독 어둡습니다.

복합치료

레이저 잇몸성형술 + 치과적 보톡스요법
레이저 잇몸성형술 + 소대성형술
레이저 잇몸성형술 + 라미네이트
레이저 잇몸성형술 + 거미스마일성형술

레이저 잇몸성형술 후, 심미보철치료를 받은 경우

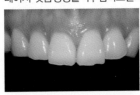 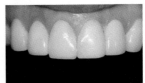

레이저잇몸성형 및 윗입술올림근성형술 후,
치아미백과 심미보철치료를 병행한 경우

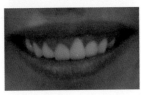 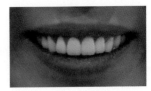

레이저 잇몸미백술을 받은 경우

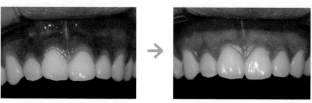

　실제로 시술 직후 일상생활이 가능하며, 치유 기간이 매우 짧아진 것도 레이저 잇몸성형술을 선호하는 이유다. 잇몸성형과 함께 잇몸미백술을 받은 후에 음식물 섭취도 가능하고, 주의사항도 적어 특별히 시간을 내서 치과를 방문할 필요도 없게 되었다. 따라서 치아성형과 치아미백을 하는 날 바로 시술 가능하다는 것도 장점이다. 물론, 위의 모든 장점이 레이저를 이용한 잇몸치료에서도 그대로 적용된다.

완벽한 미소를 위한 선택, 치아교정 vs. 치아성형

미소의 완성은 치아라는 말이 있다. 아름다운 눈과 얼굴을 가졌다 할지라도 치아가 고르지 못하거나 변색되어 누런 치아를 가지고 있다면 미소를 짓기 힘들다. 건강하고 가지런한 치아를 갖기를 원하는 경우, 크게 두 가지 방향을 설정할 수 있다. 치아교정과 치아성형이다. 물론 이 두 가지 치료 요법에는 각기 장단점이 있고 필요시 보완병행이 가능하다. 먼저 치아교정에 대해 알아보자.

보다 다양해진 술식, 치아교정

치아교정의 장점은 자연 치아를 건드리지 않고 가지런하게 배열하여 말 그대로 삐뚤어진 치아를 '바르게 한다(교정)'는 점이다. 필요에 따라 이를 빼거나 치아 사이를 미세하게 다듬는 경우를 제외하고는 치아를 건강하게 보존한다는 점에서 가장 추천하는 방법이다.

또한 치아교정만으로 턱뼈가 완전히 변화하지는 않지만, 장시간에 걸쳐 이루어지는 교정에 따라 연조직이 적응하면서 얼굴에도 기분 좋은 변화가 생기기도 한다. 예컨대 이를 빼고 교정을 하면 돌출입이 해소되면서 마치 성형수술을 한 것 같은 변화가 일어나기도 한다. 측면에서 봤을 때 코는 더욱 오똑해 보이고, 입은 들어가 보여 예쁜 심미선Esthetic line, E-line이 완성된다. 또한 정면에서 봐도 씹기 근육(저작근)이 줄어들어 피겨의 여왕 김연아처럼 얼굴이 갸름해 보이는 효과가 나타나기도 한다.

또한 최근에는 부분교정으로 불리는 교정으로, 쓰러진 어금니 한 두 개만을 세우거나 삐뚤거리는 앞니 몇 개만을 간단히 교정하기도 한다. 메탈교정과 세라믹교정, 설측교정을 주축으로 치료를 시행한 성장기 어린이와 청소년, 20~30대 연령이 치아교정의 주 연령층이었다면, 최근의 치아교정은 40대 이상에서도 가능하도록 치주교정기법과 투명교정, 인비절라인 등의 눈에 띄지 않는 술식들이 대두되고 있는 것도 큰 장점이 되고 있다. 이러한 교정 기법은 오래전부터 있었지만, 최근 와서 더욱 각광을 받고 있는 방식이다. 치아교정은 분명 그 역사가 오래되었으면서도 가장 보존적이고 혁신적으로 발전 중인 치료인 것이다.

다만, 치아교정은 기간이 많이 소모된다는 것이 가장 큰 단점이다. 치아교정은 기본적으로 약한 힘으로 서서히 치아를 움직여 치료하는 것이 원칙이다. 결코 욕심을 내 강한 힘으로 당기거나 밀면 안 된다. 치아는 흡수되거나 과도한 양을 움직인 경우라면 오히려 유지 기간이 늘어나 결국 총 교정에 소요되는 기간이 길어지는 원인이 되기도 한다. 따라서 경험이 많고 꼼꼼한 관찰을 하는 교정 치과의사에게 치료받는 것이 중요하다.

정확한 수순을 따라가되 미니 스크류나 버튼, 코일 등의 추가적인 장치로 기간을 단축해 나간다면 치아교정의 단점 극복도 어느 정도 가능하다. 다만 치아교정을 통해서는 깨진 치아를 복구하거나 하얀 치아를 만들거나 각진 치아를 둥글게 변화시키지는 못한다. 따라서 치아교정 술식 전후로 추가적인 치아성형이나 치아수복치료, 그리고 치아미백으로 보완하길 권장한다.

돌출입과 함께 삐뚤어진 치아가 고민이라면, 수술보다는 보다 보존적인 치아교정을 통해 가지런한 치아와 예쁜 얼굴을 동시에 가질 수 있는 방법으로 접근해야 한다. 치아교정만으론 불가능한 경우에 한해 제한적으로 차선책인 수술을 병행하는 것이 현명하다는 의미다. 비용을 생각하지 않더라도 어떤 치료법이 보다 보존적이고 기능과 심미 모두를 고려한 술식인지는 조금만 고민해 보면 된다. 치아교정이 시간이 다소 소요되는 경우라 꺼려질 수도 있지만, 연조직과 피부는 치아교정 과정에서 서서히 적응해가면서, 교정 장치를 떼는 시기에는 완벽하게 조화를 이루게 된다. 하지만, 양악수술 후에는 오랜 기간 부자연스러운 입매가 되거나 어색한 스마일라인이 형성되기도 한다.

최악의 경우는 잇몸 뼈와 턱뼈는 정상인데 치아의 각도가 잘못된 소위 '뻐드렁니'의 경우이다. 옆모습에서 입이 돌출해있다고 양악수술을 한 경우라면, 입의 돌출은 해소되었을지 모르지만, 웃을 때 치아는 여전히 새부리처럼 뾰족한 상태. 이것을 개선하는 방법은 없다. 당연히 이를 빼고 치아교정을 해서 치아의 각도를 개선하는 방법을 선택해야 한다. 당연히 악교정수술의 일환인 양악수술이 필요한지 여부도 먼저 치과에 들러 철저한 검진과 분석을 통해 확인하는 절차가 필요하다. 특히 악교정수술양악수술 전후에도 어느 경우에나 치아교정이 반드시 병행되는 것을 명심해야 한다. 양악수술이라고 불리는 악교정수술 역시 치과의사의 면밀한 진단을 통해 선별적으로 시행될 경우 무분별한 악교정수술과 수술 전후에 발생 가능한 부작용을 줄이고, 전체 교정에 소요되는 기간을 획기적으로 단축할 수 있다.

악교정수술이 필요한 경우에 무조건 선수술, 후교정이 아니라 먼저 치아교정을 시행한 뒤 최소한의 침습

요법으로 수술을 해나가는 것이 더욱 좋은 결과를 낳는 경우가 많기 때문이다. 또한 악교정수술은 교정치과와 협진이 원활히 이루어지는 의료기관에서 받기를 권한다.

Tip. 부정교합이란?

부정교합은 대개의 경우 1급, 2급, 3급 부정교합의 세종류로 분류한다.

하지만 이러한 대략적인 분류에 얼굴의 형태나 아래위 턱뼈의 형태, 간계등을 고려해야 하며 성장발달단계까지 고려해야 하므로 교정치료를 위해서는 여러가지 복잡한 진단과정이 필요한 것이다.

정상교합

1급 부정교합

어금니 관계는 정상인데 치아의 위치 이상, 회전,삐뚤 배열된 치아

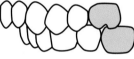

2급 부정교합

위 어금니가 아래 어금니에 비해 앞쪽에 위치하는 경우

3급 부정교합

아래 어금니가 위 어금니에 비해 앞쪽에 위치하는 경우

Tip. 일반적인 치아교정의 과정

1단계 / 상담 및 분석

- 잇몸이 붓거나 하여, 치아를 많이 덮어 치아가 짧아 보이는 경우
- 위턱에 과성장하여, 치아와 잇몸이 윗입술 밑까지 내려와 잇몸이 많이 보이는 경우
- 잇몸과 위턱은 정상이지만, 웃을 때 작용하는 근육이 윗입술을 과도하게 올려 잇몸이 많이 보이는 경우

2단계 / 교정장치의 부착 및 배열

- 잇몸이 붓거나 발달해, 치아가 상대적으로 짧아보이는 경우
- 순소대가 발달한 경우
- 윗입술올림근육의 힘이 셀 경우
- 인중이 발달한 경우
- 골격적 문제 (위턱이 발달한 경우)

3단계 / 마무리 및 유지

- Finising (마무리): 부착장치의 제거, 미세한 조정, 예쁘지 않은 치아 자체의 미세성형 (shaping, 다듬기, 자연치아성형)
- Retention (유지): 탈착식과 부착식의 이중 유지장치를 이용해 가장 안전한 유지를 하도록 합니다.

양악수술보다 안전한 치아교정으로 돌출입 해결

이미 많은 사례에서, 양악수술의 폐해에 대해 많이 드러나고 있지만, 여전히 양악수술은 많은 젊은이들을 유혹한다. 더 빠른 변화를 주는 것이 얼마나 큰 장점으로 작용하는지, 재발의 가능성과 신경마비 등의 부작용에도 불구하고 많은 사람들이 양악수술을 비롯한 여러 가지 수술적인 방법부터 접근하려고 한다. 그러나 누차 강조하듯이 양악수술 후에도 반드시 교정치료가 필요하다는 사실을 명심해야 한다. 돌출입을 해결하는 방식 중 가장 안전한 방법은 바로 치아교정이다. 최근 성형 붐이 불면서 많은 이들이 치아교정보다는 양악수술로 돌출입을 해소하려고 하고 있다.

▶ 악궁의 확장

치아를 둘러싼 치조골, 즉 악궁을 확장하는 방법을 이용하면, 이를 빼지 않고도 돌출 해소가 가능하다. 이 경우 짧게는 3개월, 길게는 1년 이내에 치아교정이 완료된다. 특히, 이 술식은 투명교정으로도 가능한 간단한 방식이다. 가지런한 치아는 필수, 더해서 입도 들어가는 효과가 발생한다.

▶ 다이아몬드 스트리핑

'치간미세조정술Inter-proximal reduction, IPR'이라고도 불리는 스트리핑stripping은 말 그대로 치아를 벗겨내는 술식이다. 치아의 최외곽층은 법랑질에나멜질, Enamel로 둘러싸여 있는데, 이 부분은 조금 닳거나 깨져도 전혀 시리거나 아프지가 않다. 특히 치아가 삐뚤어진 경우엔 대부분 치아 사이에 충치가 있는 경우도 많아 충치를 살짝 벗겨낸다는 느낌으로 스트리핑하는 작업을 하게 된다. 물론 미세연마 후에는 불소와 같은 처치를 하면, 충치발생과 치아의 미세한 시림 증세 발생에 대한 염려가 사라진다. 대부분의 경우 이를 빼지 않는 경우에는 이 방법으로 치아의 양 측면을 0.3mm 정도 벗겨내는데, 작은 공간이 합쳐지면 4~6mm가량까지 공간을 확보할 수 있다.

이 공간을 이용하면 충치도 해결되고 빠른 치아교정이 가능해진다. 걸리는 시간은 대부분 2∼10개월 정도이며, 평균 6개월이면 충분하다.

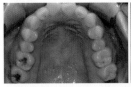 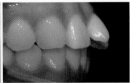 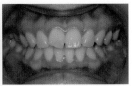

- 투명교정 치료 전 삐뚤거리는 앞니로 인한 심한 돌출입 증세로 라미네이트 상담차 내원
- 투명교정치료만으로, 입돌출이 해소된 상태, 라미네이트 불필요 (치아미백만 추가진행 예정)

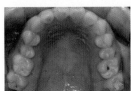 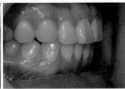 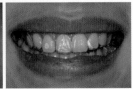

〈 투명교정장치를 착용한 모습 〉

▶ 발치교정

가장 많이 알려진 술식으로 이미 오래된 역사를 자랑하는 돌출입 교정 방식이다. 보통 송곳니 다음의 작은 어금니인 4번 치아를 빼게 되는데, 이렇게 하면 입의 돌출은 매우 드라마틱하게 해소된다. 단 입이 너무 들어가는 것을 걱정하는 경우라면 그 다음 치아인 작은 어금니 5번을 빼면 된다. 예전에는 발치교정의 경우에 평균 2∼3년의 시간이 걸렸는데, 미니 스크류와 같은 술식으로 하면 기간은 1년 반 정도로 매우 짧아지며 최근에는 CAD-CAM을 이용해 결과를 예측해서 시작하는 여러 가지 최첨단 교정기법이 도입되어, 투명교정만으로도 발치교정이 가능해졌고 그 기간은 1년 반 이하로 짧아졌다.

▶ 부분교정 (간단교정) + 최소 다듬기 라미네이트

라미네이트로 돌출입 해소가 가능하다는 사실은 이젠 많이 알려진 시술법이다. 최근의 라미네이트는 치아를 거의 건드리지 않고 현 상태에서 약간의 돌출만 다듬는 정도로 치료를 하게 된다. 그런데 대부분의 돌출입은 윗니 때문인 경우가 많다. 하지만 자세히 들여다보면 윗니는 아랫니의 배열에 따라 위치가 결정된다. 윗니를 아무리 넣고 싶어도 아랫니가 삐뚤거리고 튀어나오는 상태라면 최소한의 다듬기를 이용한 라미네이트 치료가 불가능하다.

따라서, 아랫니와 윗니 모두 부분교정을 통해 살짝만 넣어주면 더욱 예쁜 입매가 된다. 간혹 부분교정만 해도 라미네이트 술식이 불필요한 경우도 있어, 부분교정 후 라미네이트를 결정하는 것도 좋은 방법이 될 수 있다. 이러한 경우는 대부분 부분교정은 2~3개월에 마무리되고, 라미네이트는 1~2주면 마무리된다. 물론 투명교정으로도 가능한 술식이다. 경우에 따라 다르겠지만 총 걸리는 시간은 3-4개월이면 충분한 경우도 있다.

대부분 정밀 진단을 받아보면 교정만으로 돌출입 해소가 가능한 경우가 많다. 동양인 기준에서 연조직 상의 코끝 – 턱끝까지를 연결한 심미선E–line과 윗입술사이의 거리는 –1mm에서 1mm 정도일 때 아름다운 심미선이라고 부른다. 치아교정을 통해 매우 아름다운 심미선이 가능해지고 서양인처럼 많이 들어간 심미선도 가능하다.

투명교정을 통한 돌출입 해소기법을 이용함으로써, 최근에는 눈에 보이지 않고 아프지 않은 교정장치가 많이 나오게 되었고 교정장치 자체에 대한 거부감이 현저히 줄었다. 대부분의 경우 이를 빼지 않고도 간단한 시술만으로 입의 돌출이 해소된다. 치아교정을 하면서 라미네이트나 양악수술을 반드시 동반해야 하는 경우는 실제로 그리 많지 않다. 치아교정을 통해 이루어지는 비교적 간단한 입의 돌출 해소는 인상을 보다 부드럽고 세련되게 바꿔줄 수 있다. 이때 부작용에 대한 위험부담율이 큰 성형수술을 선택하기 전에, 제대로 된 술식을 선택하는 신중함을 발휘할 것을 권한다.

더욱 간단해진 치아교정 술식

1. 급속교정 • 레이저교정으로 교정기간 단축

성인의 경우 교정 치료에 소요되는 시간은 여전히 평균 2년이다. 그렇다 보니 직장생활을 하거나 결혼을 앞둔 경우가 아닐지라도 일반적인 사회생활에서도 선뜻 교정치료를 선택하기 힘들다. 따라서 비용과 함께 교정치료에 가장 중요한 변수는 교정기간을 적절하게 단축시키는 술식이다. 그렇다면 이러한 교정 치료 기간을 단축하는 방법에는 어떤 것들이 있을까.

❶ 불필요한 치아이동을 제거한 순차적인 장치부착

한번에 모든 치아에 장치를 부착하게 되면 불필요한 치아이동이 일어날 수 있다.
매직키스치과의 치아교정이 빠르게 마무리되는 이유 중 하나가 바로 움직이고자 하는 치아에 먼저 장치를 부착하여 치아를 이동시킨 후 나머지 치아에 장치를 부착하는 선택적인 장치부착을 하고 있다는 점이다.

❷ 빠른 치아배열 자가결찰형 브라켓 (SLS, Self Ligation System)

자가결찰 방식을 이용해 치아 이동 시 발생하는 마찰력을 줄임으로써 이동 효율을 높이는 방법이다. 실제로 교정치료 기간 자체가 줄어드는 것뿐만 아니라 매번 치과에 내원했을 때 와이어를 교체하는 시간이 줄어드는 점이 매우 큰 장점이다. 따라서 요즘 심미적인 부분까지 고려한 세라믹 재질로 된 자가결찰형 교정치료법이 인기다.

❸ 미니스크류 (miniscrew & miniplate, 미니 임플란트)

눈에 띄지 않을 정도로 매우 가느다란 미니 임플란트를 심어 교정 치료 시 악골고정원skeletal anchorage을 이용해, 원치 않는 치아 이동을 방지함으로써 기간을 단축하는 방법이다. 이 방법을 이용하면 부분적으로 치아를 움직이는 부분교정 치료도 가능해지며, 발치 교정의 경우에도 교정 치료 기간이 현저히 단축된다.

❹ 치아성형술 (라미네이트, 치아성형)

필요한 부위만 부분적으로 간단 교정을 한 후, 라미네이트나 치아성형으로 마무리 하는 방법이다. 이 치료의 평균 치료 기간은 3∼6개월이다. 교정 없이 시행한다면 1∼2주면 완성되는 경우도 있어 급속교정이라고 불리고 있다.

❺ 레이저 치아교정술

과거에는 치아 주위 조직에 간단한 외과적 자극을 부여함으로써 치아 이동에 관여하는 세포 활성을 증진시켜 이동 속도를 촉진시키는 방법을 이용하곤 했는데, 이제 이러한 방법도 레이저로 대체되고 있다. 연구에 따르면, 레이저가 교정 치료 종료 후 이동된 치아의 재발 현상을 부작용 없이 감소시키는 결과를 보였다고 하니 일석이조인 셈이다.

❻ 코티시젼 (Corticision: 피질골절제술)

RAPRegional Acceleratory Phenomenon현상을 이용한 빠른 치아이동 급속교정 코티시젼은 치아와 치아 사이 잇몸 뼈를 수술기구로 RAP현상상처의 치유과정에서 세포의 활성도가 증가하는 현상을 이용한 술식이다. 인위적으로 잇몸에 상처를 주면 즉각적으로 상처의 치유과정이 진행되면서 간단한 마취로 상처를 최소화 하기 때문에 불편하지 않고 바로 일상생활이 가능하며 방학기간 동안 빠른 교정을 원하는 학생들이나 결혼, 면접 등을 준비하는 분들께 추천하는 교정방법이다.

❼ 수술교정법

악교정수술이나 악골 성형수술을 병행함으로써 여러 개 치아를 한 번에 움직이기도 하고, 블록 단위로 몇 개의 치아만 단 기간에 이동시키는 등 다양한 방법이 있다. 양악수술은 이러한 방법 중 하나다.

❽ CAD-CAM을 이용한 최첨단 시스템 교정법

치아교정의 단계에서 공간이 부족하거나 넓은 경우, 치아교정 치료 초반에 악궁 자체를 넓히거나 좁히고 그 이후에 치아의 배열을 해야 하기 때문에 시간이 다소 지체될 수 있다. 하지만 최근의 치아교정은 3D 기술을 이용한 투명교정치료법으로, 치료과정을 처음부터 끝까지 미리 시뮬레이션하기 때문에 악궁을 넓히면서 바로 치아의 배열이 가능해졌다. 심지어 일반교정으로 1.5년을 예상한 경우에 이러한 교정방식을 활용하였더니, 9개월 만에 종료되는 경우도 있었다.

이외에도 치아교정 기간을 단축하는 방법은 여러 가지가 있다. 치아교정 치료 시 마무리단계에서 심미보철 치료를 병행하면 치료 기간을 현저히 단축하게 되는 경우가 많다.

2. 자가결찰 교정장치, 편안하고 보다 빠른 교정 치료 가능

스타들의 치아교정 전후 모습을 비교해 보면 치아교정으로 성형수술 효과를 본 듯

하여 감탄사를 연발하게 된다. 하지만, 치아교정의 기간과 고통을 생각하면 선뜻 교정을 하기 힘들다. 그래서 나온 대안이 투명교정과 설측교정장치다. 하지만 투명교정은 케이스에 따른 약간의 제약 사항이 있고, 설측교정은 일반적으로 고가이거나 시간이 오래 걸리는 단점이 있다.

가능하면 결정 후 빠른 시간에 교정을 시작하면서도 통증은 적은 치료법은 없을까? 그래서 나온 대안이 바로 자가결찰Self Ligation System교정이다. 자가결찰 교정에는 우리나라에서 주로 사용하는 상품명으론 클리피씨라고 불리는 세라믹 재질과 데이몬이라고 불리는 크기가 작아진 메탈 브라켓브라켓이 있다. 그 외에도 여러 다양한 상품명을 지닌 자가결찰 브라켓브라켓이 있다. 최근에 나온 2D 브라켓브라켓의 경우는 설측교정에 적합한 자가결찰 브라켓브라켓으로 각광받고 있다.

▶ 치료법의 특징

통상적인 교정 치료는 치아에 브라켓을 붙이고, 브라켓 통로에 교정용 와이어철사을 얇고 약한 것부터 굵고 강한 것을 넣어, 그 힘을 이용해 치아를 움직이는 방식으로 이루어진다. 이 때 브라켓과 와이어를 연결하기 위해 서로 묶어주는 가는 결찰용 와이어Ligature wire를 사용하는데 이것이 튀어나와 구강 내 조직을 찌르거나 음식물이 끼게 만든다. 그래서 대체된 것으로 오링O-ring이라 불리는 실리콘 고무를 걸어주기도 한다.

교정에서는 이 브라켓과 와이어간의 마찰력이 작을수록 와이어가 잘 움직이게 되어 치아를 편하게 이동하도록 돕게 된다. 치과의사는 이런 마찰력을 결찰용 와이어로 조절하게 된다. 그런데 이런 결찰 와이어 대신, 브라켓 자체에 달린 슬라이딩도어덮개로 브라켓에 와이어를 고정하게 해준다. 당연히 꽉 묶어두는 방식이 아니라 마찰력은 현저히 줄어들게 된다.

〈 클립이 있는 여러가지 자가결찰 장치 〉

▶ **자가결찰교정의 장점**

1) 치료 기간과 진료 시간의 단축

여러 가지 논문에서 데이몬교정과 같은 자가결찰 브라켓을 이용한 교정치료가 통증이 줄어든 교정 치료로 분류되고 있다. 실제로 교정기간을 3~6개월 단축해 준다고 하지만, 케이스마다 차이가 있으므로 치료 기간의 단축에 대한 정확한 결과는 보다 많은 자료가 확보되어야 하겠다.

교정 기간도 기간이지만 와이어를 교체하는 데 통상적으로는 30분~1시간 가량 소요되었다면 자가결찰은 두껑을 열었다가 닫는 시간인 10~20분으로 줄어들게 된다. 이 시간을 1달에 1번으로 계산하여 20개월로 계산한다면 결국 치료 시간을 엄청나게 단축하는 것이다. 환자에게 치과에서 입을 벌리고 있는 것 자체가 고통인 점을 감안하면 자가결찰 교정은 매우 편안한 치료가 된다.

2) 통증도 적고, 작은 힘으로 교정 가능

케이스마다 차이가 있을 수 있지만, 누구에게나 적용되는 가장 큰 장점은 장치를 교체할 때 걸리는 시간이나 통증이 현저히 줄어든다는 점이다. 마찰력이 줄어들어 치아에 가해지는 압력이 줄어들고 약한 힘으로 치료를 가능하게 한다. 기존의 교정 장치는 고무링이나 가느다란 철사로 브라켓에 교정용 철사를 꽉 묶는 결찰을 통해서 치아를 움직였으나, 자가결찰 방식으로 정교하게 만들어진 '슬라이딩도어'가 문을 닫아 단지 철사를 잡아줌으로써 철사가 자유롭게 미끄러지도록 도와주는 것이다. 당연히 약한 힘으로 치아를 움직이므로 교정 기간 동안 통증이 줄어든다.

3) 줄어드는 내원 횟수

6~8주 간격으로 내원해도 효과적인 치료가 가능하다. 기존 장치는 보통 3~4주 간격으로 내원을 요하였으나 대부분의 자가결찰브라켓은 약한 힘으로 오랜 기간 작용하는 최첨단 철사를 이용함으로써 6~8주 간격으로 내원해도 되어 바빠서 자주 내원하기 힘든 분들에게도 효과적인 치료가 가능하다. 내원 횟수가 적어져 바쁜 생활 중에도 교정치료를 수월하게 받을 수 있는 장점이 있다.

상품명으로 예를 들면, 자가결찰 중 클리피씨 등은 특히 투명한 세라믹으로 되어 있어 교정장치가 눈에 보이지 않는 장점이 있다.

▶ **심미적 자가결찰 교정의 장점**

1. 클립Clip이 달린 세라믹 브라켓은, 교정 브라켓에 뚜껑이 달려 있어 와이어 교체가 용이하다.
2. 투명한 세라믹브라켓으로 눈에 띄지 않아 심미적이며, 캡 부분에 로듐 코팅이 되어 있어 치아색에 가까운 은색을 띤다.
3. 결찰 철사가 없어 찔리는 경우가 없고 결찰이 필요 없으므로 내원 시 치료받는 시간이 적다.
4. 교정 초기나 주기적으로 와이어 교체 시 통증이 적다.
5. 브라켓과 와이어 간 마찰이 적어 치아 배열이 기존 장치에 비해 빨리 이루어진다.

6. 다른 교정 장치에 비해 내원 간격이 6~8주로 길어 잦은 병원 방문이 필요치
   않다.

특히, 미니 스크류를 이용하면 부작용 없이 보다 빠른 기간에 치아교정이 가능하
며, 교정용 철사도 화이트 와이어코팅와이어를 사용하게 되면 눈에 띄지 않게 치아교
정을 할 수 있다. 따라서, 자가결찰 교정은 예비 졸업생, 예비 취업생, 결혼을 앞둔 신
랑 신부, 직장인, 주부 등 바쁜 생활 때문에 교정 치료를 미루어 왔던 성인들에게 좋
은 방법이 될 것이다.

▶ **자가결찰 장치의 단점**

자가결찰의 단점이라고 하면, 크기가 크다는 점이었는데 최근에는 크기가 매우 작
아져 이러한 단점은 이미 극복이 되었다. 다만, 매우 드물게 슬라이딩 도어가 탈락되
는 경우가 있는데, 이 경우에는 기존 방식대로 결찰 와이어를 사용해야 할 수도 있
다. 아는 것이 힘이다. 이제 교정 치료도 조금 덜 아프게, 조금 더 편하게, 그러면서도
빠르게 시술 받자.

〈 다양한 자가결찰(Self Ligation) 브라켓장치 〉

3. 간단하면서도 완벽하게, 효율적인 부분 치아교정 치료법

요즘은 무엇이든 빠르고 간편하게, 그리고 효율적으로 하는 것이 대세다. 치과 치료도 마찬가지이다. 치료하고자 하는 부분만 골라 교정을 하기도 하고 많은 시간이 소요되는 교정 과정을 생략할 수도 있다. 치과에서 실시하는 부분교정은 여러 가지다. 부분교정은 다른 용어로는 '간단교정'이나 'C.C.교정'으로도 불린다. C.C.는 Chief Compliant^{주소}의 약자로 치아교정에서는 '치아교정을 받으려고 하는 주된 이유'에 해당할 것이다.

1) 앞니 부분교정

치아교정 치료를 받으려고 하는 사람들의 대부분의 주소^{Chief Complaint}는 웃을 때 보이는 전치부^{송곳니}를 포함한 앞니의 삐뚤거림이다. 공간이 모자라 삐뚤거리거나^{Crowding} 공간이 남은 경우^{Spacing}, 몇 개의 치아만 속으로 들어가거나 앞으로 튀어나온 경우가 그것이다. 이 경우, 전체 교정을 하게 되면 시간은 평균 1년이 걸린다. 하지만, 어금니 교합^{맞물림}은 좋은데 앞니에만 문제가 있다면 당연히 부분 교정을 하면 몇 개월, 심지어 3개월만에도 교정이 완료될 수도 있다. 보통 앞니 6개에만 브라켓^{교정장치}을 붙일 수도 있고, 필요에 따라 어금니 부위까지 장치를 붙이는 방식으로 변형 가능하다.

2) 어금니 부분교정

어릴 때 어금니 중 하나가 빠졌거나 선천적으로 결손 상태라면, 어금니의 일부가 남은 공간을 중심으로 쓰러졌을 가능성이 있다. 이때도, 전체적으로 치아교정을 하는 것보다는 부분교정을 할 것을 권한다. 기간의 단축뿐만 아니라, 불편함 또한 훨씬 적어진다. 이를 위해 미니 스크류^{miniscrew}라고 하는 작은 미니임플란트를 식립하기도 한다.

3) 임플란트를 위한 부분교정

치아가 상실된 후 수복 없이 오래 되면, 반대편의 치아가 상실된 부위를 향해 이동한다. 심한 경우 임플란트를 식립 한 후, 보철물을 장착할 높이마저 부족하게 된다. 이럴 때도 전체교정은 필요 없고, 부분교정으로 간단히 해결된다. 그렇지 않다면, 임플란트를 위해 반대편 치아는 신경치료 후, 보철로 마무리해야 하는 경우가 대부분이다. 건강한 치아를 교정을 통해 살릴 수 있다면, 그만큼, 보람된 일이 또 있을까? 물론 이렇게 되려면 치료받는 사람과 치과의사와의 커뮤니케이션communication이 필수적이라 하겠다.

4) 앞니부분교정과 투명교정의 병행

어떤 분들은 윗니는 부분교정으로 전체를 교정하고, 아래는 앞니 부분교정을 병행하기도 한다. 물론, 반대로 위를 부분교정, 아래를 투명교정으로 할 수도 있다. 투명교정으로 치료하던 경우에도, 투명교정만으로 해결되지 않는 부분은 투명교정 전후에 또는 잠깐 브라켓을 붙여 부분교정으로 전환할 수도 있다.

5) 투명교정만으로 하는 부분교정

마찬가지로, 투명교정으로 앞니나 작은 어금니 위주로 부분교정을 하게 되면, 티안 나게 교정이 이루어진다. 이 경우에도 전체를 교정하는 것보다는 시간이 짧다. 통상적으로 투명교정으로 진행하는 경우는 1년 이내일 때에만 하는 것을 권한다. 심한 회전rotation이나 정출extrusion을 해소하기 위해서는 버튼과 같은 추가적인 장치를 이용하면, 대부분의 경우에 치료가 가능하다. 투명교정으로 교정을 하면, 치료 중간에 충치치료나 미백치료가 가능하다는 장점이 있다.

최근 가장 각광을 받고 있는 투명교정의 상품명으론 '인비절라인'이 있다. 예전에는 일반적인 인비절라인으로 전체교정을 했다면, 인비절라인 Lite 시스템은 전체적인 교정보다는 부분적으로 교정을 하거나, 심하지 않은 부정교합에서 추천하는 방법이다. 인비절라인은 정확한 진단과 분석 하에 이루어진다면, 특별한 제약 없이 대부분의 경우 가능하며 투명교정과 마찬가지로 치아미백이 가능하다는 것이 최대 장점이다.

실제로 많은 경우에 부분교정만으로 해결되는 경우가 많은데, 부분교정은 대개 1년 이내로 마무리리 가능하다. 불편한 부분만 교정하려고 하는 분이나 편하게 빠른 교정을 원하는 분들이 선호하는 교정치료법이다.

교정치료를 고민 중인 사람들 중엔 오랜 교정치료로 자신감 있는 미소를 잃게 되진 않을까 걱정하는 사람들이 많다. 하지만, 이제 빠르고 간단하면서도 완벽하게, 미소선Smile line, 스마일라인을 개선하는 방법 중 하나인 부분교정치료법을 눈여겨보자.

Tip. 부분교정 치료를 위해 꼭 알아두어야 할 용어

스트리핑(Stripping)

스트리핑은 치아가 올바르게 움직이도록 치아와 치아사이에 0.3~0.5mm 정도의 미세한 공간을 내는 것으로서, 시크릿교정의 결과를 좌우하는 가장 중요한 핵심 시술이다. 치아의 보호벽인 법랑질 내에서 이루어지므로 시술 시 통증이 없고 치아에도 안전하다. 스트리핑이 치아형태를 유지하며 예쁘게 진행되어야 교정 후 예쁜 치아모양과 배열을 얻을 수 있다.

쉐이핑(Shaping)

스트리핑이 치아와 치아사이의 옆 부분을 다듬는 것이라면, 쉐이핑은 치아의 끝부분을 포함한 전체적인 모양과 윤곽을 예쁘게 다듬는 작업을 말한다. 스트리핑만으로는 치아의 길이 등을 맞출 수 없으므로, 예쁘고 가지런한 치아배열을 위해서는 쉐이핑을 통해서 전체적인 치아 형태를 예쁘게 만들어 주어야 한다.

미니크스류

치아만으로 교정력을 발휘하기 힘든 경우, 뼈의 힘을 이용해 교정력을 증대하는 술식. 잇몸과 뼈 속에 작은 미니 임플란트를 식립하는 것으로 처음에 식립할 때는 마취 후 5분 만에 식립, 뺄 때는 단 5초만에 제거 가능한 간단한 장치, 미니스크류 적용시, 전체적인 교정기간이 단축되는 효과가 있다.

- 치아를 전체적으로 뒤로 보내기
- 누워있는 어금니 세우기, 1~2개 치아의 회전 등

셋 업 모델 (Set up model)

정확하고 정밀한 교정결과를 예측하기 위해 교정 전 상태를 교정 후의 상태로 이동시켜 제작한 예측모델이다.

입체모델분석(3D Model Analysis)

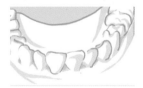

교정 후의 결과를 정확하게 예측하기 위하여 환자의 시술 전 치아모형을 셋 업 모델을 만들어 비교 분석하는 방법이다. 이 과정을 통해서 각 치아별, 부위별 필요한 치아 공간의 양을 산정할 수 있고 시크릿 교정의 기간을 추정할 수 있다.

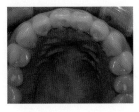

치아교정이 끝난 후 올바른 치열을 유지하기 위해서 교
정 후에 착용하는 유지장치를 말한다.

실제로 교정은 치료만큼 중요한 것이 바로 유지이다.
앞니의 뒤시면에 철사로 고정시키는 고정식 유지장
치와 꼈다 뺐다 할 수 있는 가철식 유지장치가 있으
며, 필요에 따라서는 보이지 않는 투명유지장치를 착
용하여 치아의 틀어짐을 방지하게 한다.

이중유지장치

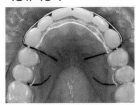

교정 후 치아가 다시 벌어져서 고민하는 경우리를 흔
히 볼 수 있는데 그것은 기본적으로 교정 후 치열의
유지가 부족했기 때문이다. 시크릿교정은 교정 완료
후 고정식과 탈착식의 두 가지 유지장치를 통해 이중
으로 치아를 잡아줌으로써 치아가 다시 벌어지는 것
을 최대한 방지 할 수 있다.

빠르고 간편한 교정효과, 치아성형

▶ 치아성형의 장점

치아성형은 보통 라미네이트나 급속교정이라고 불리며 연예인들이 주로 하는 비밀
치과 시술법으로 여겨졌다. 하지만, 최근엔 누구나 쉽게 치아성형을 선택하고 시술
받고 있다. 치아성형의 최대 장점은 짧은 시술기간에 있다. 성형수술과 마찬가지로,
본인이 원하는 치아를 골라서 시술 받을 수도 있고, 자신의 얼굴에 맞는 치아를 따
로 고안할 수도 있다. 때문에 돌출된 입과 삐뚤거리는 치아, 각진 치아 등의 모든 콤
플렉스를 한 번에 해소할 수 있다. 이렇게 치료하는 데 걸리는 시간은 1~2주면 충분
하다. 실제로 성형수술을 한 것처럼, 빠른 시일 내에 가지런하고 새하얀 치아를 갖게
되고 그 효과가 성형수술을 받은 것처럼 드라마틱하기 때문에 '치아성형'이라 부르게

된 것이다. 물론 케이스에 따라 치아미백과 잇몸성형 같은 추가적인 시술이 필요하지만, 최근 술식의 발달을 통해 하루에 모두 완성이 가능하다. 그러다 보니 치아교정을 한 후에 치아성형으로 마무리하기도 한다.

치아성형에는 치아를 전혀 다듬지 않고 하는 루미니어(상품명) 치료법이나 최소한의 다듬기만을 하는 라미네이트 같은 치료가 있다. 치료에 쓰이는 재료도 전체적으로 모양을 변화하거나 돌출입을 개선하기 위한 올세라믹, 지르코니아인공다이아몬드, zirconia로 구성된 심미수복재를 비롯해 금속이 약간 포함되면서 강도가 개선된 심미도재, 자체적으로 강화된 도재E-max까지 다양하다.

심미적인 부분과 기능적인 부분을 모두 고려하여 앞니뿐만 아니라 어금니도 치아성형이 가능해지고 있다. 치아교정술식이 대부분 1년 이상 걸리는 술식임을 감안한다면, 1주일 이내에 완성되는 치아성형술식은 환자와 치과의사 모두에게 기분 좋은 치료대안이 되고 있는 것이다.

실제로 왜소한 측절치peg lateral를 가진 경우 교정치료 후 그대로 두게 되면, 공간이 다 닫히지 않거나, 예쁘지 않게 마무리된다. 이의 해소를 위해 간단히 측절치를 치아성형하여 앞면에만 되면 그야말로 완벽한 치아교합이 완성된다.

▶ **치아성형의 단점**

치아성형의 단점으로 가장 많이 거론되는 것은 건전한 치아를 다듬을 수도 있다는 데 있다. 물론, 충치가 있거나 이미 치료한 적이 있는 경우엔 큰 문제가 되지 않는다. 치아성형은 치아가 깨지거나 심한 변색이나 반점이 있어 치료가 불가피한 경우라면 매우 훌륭한 대체 시술이 된다. 충치치료를 군데군데 하는 것이 아니라, 치아성형으로 간단히 이 모든 것을 해결할 수 있기 때문이다. 또한 쌍생치와 같이 선천적으로

2개의 치아가 하나로 합쳐지면서 가로로 길고 배열이 어려운 등 타고난 치아의 모양 자체가 잘못된 경우라면, 평생 두개의 아름다운 치아 대신 하나의 기형 치아를 숨기며 지내는 것보다 치료목적으로라도 치아성형을 하는 것이 좋겠다.

다만 건전한 치아에 한해서는 최소 다듬기, 심지어 무삭제를 통한 보다 고난이도 술식으로 치아성형을 대신하기를 권한다.

또 다른 단점은 재료상의 특성으로, 치아성형 시 대부분 세라믹도재을 사용하므로, 파절의 우려가 있다는 것이다. 실제로 본인의 치아도 단단한 것을 물면 깨지는데 자연치아가 아닌 도재 역시 이러한 파절의 위험에 노출되기 마련이다. 이를 개선하기 위해 여러 개의 치아성형을 하게 되면 반드시 나이트가드Night Guard나 듀얼가드 Dual Guard라 불리는 치아보호기구를 할 것을 권한다. 이는 비단 치아성형을 한 사람에게만 해당하는 것이 아니라, 취약한 치아나 잘 부러지는 약한 치아, 혹은 이 악물기나 이갈이 습관을 가진 사람 모두에게 권장하는 장치이다.

▶ 치아교정과 치아성형의 혼용 치아교정과 치아성형을 적절히 활용하면, 기간도 단축하고 최상의 심미적인 결과도 얻는 일석이조의 효과를 얻을 수 있다. 실제로 많은 경우 3~4개월의 간단교정 과정을 통해 치열을 개선한 후 치아성형을 실시하게 되면, 돌출입도 해소하면서 정갈하게 배열된 새하얀 치아를 얻을 수 있다.

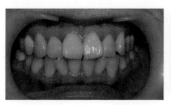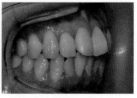

▲ 치아성형전 : 누렇고 어두운 치아, 삐뚤거리고 돌출된 앞니

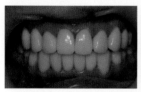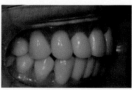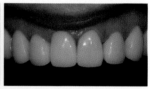

▲ 치아성형, 치아미백, 잇몸 성형 후 : 가지런하고 새하얀 치아 깨끗하고 건강해진 잇몸라인

과학과 예술의 공존, 치아성형술

며칠 만에 치아성형과 라미네이트를 하려는 사람들에게 중요한 것은 치료 과정은 물론, 치료 결과일 것이다. 특히, 사람마다 다른 얼굴형에 걸맞는 치아의 조화일 것이다.

치아성형, 그저 새하얗고 가지런하게만 하면 될까? 물론, 웃을 때 새하얗고 꽉 차 보이는 네모반듯한 치아는 옥수수 알맹이마냥 매우 고르게 보일 것이다. 하지만, 치아성형을 하고 나서 잇몸이 붓는 경우도 있고 양치질이 잘 안 되는 경우도 있다. 거울을 꺼내 구강 내 치아를 살펴보면, 치아 사이사이 부분에 삼각형의 공간이 있음을 알 수 있다. 바로 치간공극interdental space이라 불리는 이 부위는 앞니의 절단연(앞니의 끝부분) 만이 아니라 어금니의 교합면씹는 면, occlusal surface에도 인접 치아 사이마다 존재하고, 심지어 잇몸 쪽에도 이러한 삼각형 공간치은공극, embrasure이 있다.

치아에 존재하는 이러한 공극은 치아와 치아의 인접 접촉점을 중심으로, 상하 및 협설 방향으로 개방되어 있는 삼각형 공간으로, '고형공간'이라고도 한다. 고형공간의 넓이와 형태는 식편 압입음식물이 끼는 현상, food impaction, 치태plague의 침착, 자정작용self cleansing 등에 영향을 미치므로 치아를 다듬을 때, 보철물 수복 시 충분한 배려가 있어야 한다. 치아교정 중에 치아 사이 부위에 법랑질성형자연치아성형,

enameloplasty를 할 경우라도 치아의 해부학적인 형태를 만들어주어야 하는 것도 이 때문이다.

실제로 환자나 의사의 취향에 따라 약간씩의 변화는 있겠지만, 치아성형을 비롯한 보철물 제작 시 전치부앞니는 심미성과 정확한 발음을 위해 고형공간을 폐쇄하며, 구치부어금니 수복 시에는, 자정성Self Cleansing 및 청소성Cleaning and Brushing의 향상을 위해 개방하는 것이 일반적이다.

이 외에도 아름다운 치아를 위해서 고려해야 할 사항은 아주 많다. 치아성형도 이제는 더욱 엣지있고 과학적으로 접근해야 한다.

완벽한 미소의 조건에 따른 치아 및 스마일 디자인

1. 대칭성

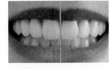

치아(특히, 앞니)의 크기, 길이, 모양이 대칭적이어야 한다.

2. 수평배열

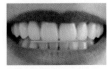

수평선과 미소선은 평행해야 한다.

3. 미소선 (Smile line)

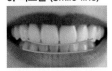

웃을때 윗니의 절단면의 연결선에 아래 입술선과 평행해야 한다.

4. 잇몸선(Gum line)

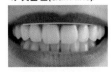

치아의 최정점과 윗입술라인이 일치하여 치은공극은 최소한 안보인다.

5. 미소폭경(Smile width)

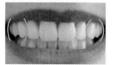

정중선에서 후방으로 갈수록
점점 좁아진다.

6. 6전치의 황금비율

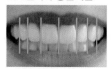

(Golden Ralio)
1,618:1:0,618

7. 치아의 비율

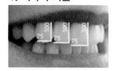

높이: 폭=1:0,77(0,75~0,80)

8. Embrasure(공극)

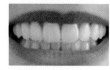

삼각형의 작은 절단공극이 이상
적인 형태이다.

9. 치아형태와 색상

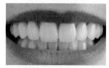

충치나 깨진 치아 없이 새하얗고
고른 치아여야 한다.

10. 입술(Lip)

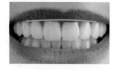

대칭적인 입술이 미소선의 최외
곽을 이루어야 하기에, 필러 등
으로 다듬어준다.

빠르고 쉬운 스마일라인 교정, 치아성형

실제로 부러진 치아, 오래된 보철물 때문에 잘 웃지 못하는 경우에는 치아성형을
받으면 아주 간단하다. 치아성형을 하게 되면, 교정치료나 양악수술 없이도 앞니의
돌출을 해결할 수 있다. 필요 시에는 부분 마취 후에 간단한 잇몸성형을 병행할 수도
있다. 최근에는 레이저로 시행되는 잇몸성형으로 시술 후 바로 일상생활이 가능하

며, 출혈의 가능성도 매우 낮아졌다.

치아성형은 세라믹^{도재} 재질로 된 심미적 수복물로 치아의 외관을 바꿔주는 술식이다. 성형수술을 받은 것처럼 단시간에 아름다운 치아로 변신시키는 치료 기법인 것이다. 이러한 치아성형의 장점은 바로, 1~2주의 짧은 시간에 매우 간단한 시술만으로도 아름다운 미소를 가질 수 있다는 것이다. 다만, 불필요하고 무분별한 치료 선택보다는 반드시 필요한 케이스에서 선별적으로 이루어져야 하는 술식이 바로 '치아성형'이다.

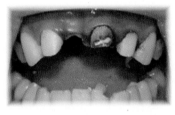

여러 개의 깨진 치아 치아성형 전

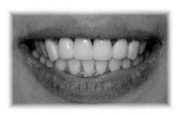

치아성형 후 가지런해진 스마일라인

여러 개의 깨진 치아의 모습

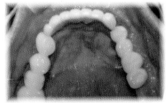

전체 치아성형 후, 깨끗해진 치아

깨지거나 부러진 치아나 너무 짧은 치아를 가진 경우, 삐뚤거리는 치아의 경우에도 스마일라인을 고려해 선택적으로 치아성형을 하면 아름다운 미소를 가질 수 있다. 최근에는 치아성형은 선별적으로 이루어이루어지고 있으며, 라미네이트, 지르코니아, 올세라믹 외에도 치아를 전혀 다듬지 않는 루미니어 등의 다양한 치료법이 쓰이고 있다.

그렇다면, 치아성형의 재료에는 어떤 것이 있을까?

1. 치과에서 하는 이미지성형, 스마일라인 개선 위한 라미네이트

급속교정, 영구미백, 치아성형 등으로 불리는 라미네이트. 한동안 유행하던 이 치과술식이 치아시림 증세와 파절 등의 이유로 최근엔 꺼려지는 경향이 있기도 했다. 그리고 하루 완성 혹은 원데이 라미네이트는 쉽게 변색하고 정밀성이 떨어져 치료 후, 재시술을 받으려 하는 경우도 있다.

하지만 1~2주만에 빠르게 이루어지는 라미네이트 치료는 치아성형, 잇몸성형, 치아미백과 함께 심미 치료에서 가장 중요한 술식이기도 하다. 최근에는 스마일라인 개선을 위한 치아의 모양과 색상을 모두 바꾸는 치료가 시행되기도 하는데, 이러한 라미네이트는 심미성을 고루 갖춘 치과의사에게 시술 받는 것이 중요하다. 라미네이트를 비롯한 치아성형은 개인마다 다른 치아의 모양, 잇몸선, 입술 모양, 얼굴 색상, 스마일라인과 얼굴 윤곽 등을 고려하여 본인에게 가장 어울리는 이상적인 치아를 디자인해야 한다. 특별한 경우가 아니면, 치과에 내원한 첫날은 상담과 함께, 진단 분석을 위한 자료 수집을 하게 되며, 다음 내원 시에는 라미네이트를 위한 진단왁스 모델을 통해 시술 받게 될 치아를 확인한다. 치아 디자인에 만족한 뒤에야 라미네이트 시술에 들어가게 되는 것이다.

이렇게 할 때 비로소 본인만을 위해 스페셜하게 디자인 된 가장 아름답고 자연스럽고 만족스러운 치아성형을 받게 되는 것이다.

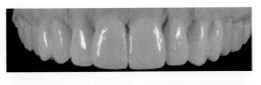

사전 모델 상에서 시행한
진단왁스업 디자인

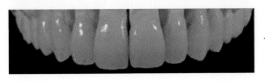

사전작업과 동일하게 실제로
제작된 최종 라미네이트

이 모든 것은 환자를 위한 시술이어야 한다. 라미네이트를 한 후 가장 걱정되는 것이 치아가 시리지는 않을지, 깨지지는 않을지, 탈락하지는 않을지 일 것이다. 라미네이트 시술은 치아를 삭제하는 것이 아니라, 0.5mm이하로 다듬는 정도의 시술로, 실제로 치아 다듬기가 필요없는 경우에는 무삭제로 진행되는 경우도 있다. 이렇게 하면 당연히 시림 증세가 확연히 줄어들 수밖에 없다. 또한, 많은 연구에서 일정한 치아 다듬기 양을 지킬 때, 라미네이트는 치아의 최외곽층인 단단한 층인 법랑질에 붙어있게 되고, 그 결과 탈락률은 현저히 감소하게 된다.

그래도 탈락에 대한 염려를 없애기 위해서는 '듀얼가드(dual guard - 라미네이트 보호 장치, 낮과 밤 모두 착용가능)'를 이용해 치아를 보호해야 한다. 보통 라미네이트의 수명은 5~10년으로 알려져 있다. 하지만, 잘 제작되고 보존되는 라미네이트는 10~15년가량 유지가 가능하다. 따라서 개개인에 맞는 듀얼가드 혹은 나이트가드의 제작으로 보다 안전하고 오래 쓰는 라미네이트 시술을 받게 될 것이다. 실제로 라미네이트의 탈락, 깨짐, 변색 및 잇몸이 붓는 증세 등은 잘못된 접착에 의한 경우가 많으므로 완벽을 추구하는 접착 기술력이 관건이다. 라미네이트 접착시스템과 추가적인 보호장치의 선택이야 말로, 향후 라미네이트 유지와 사용에 필수 요건이다.

2. 3개월 간단교정과 라미네이트의 만남

삐뚤어진 치아Crooked teeth, 앞니의 심한 부정교합malocclusion, 치아의 공간부족crowding을 지닌 사람들은 일단 치아교정부터 떠올린다. 실제로 많은 사람들이 치아교정을 위해 2~3년을 소모하거나, 4개 정도의 작은 어금니를 빼고 교정을 하거나 몇 주에 걸쳐 신경치료를 한 뒤 앞니 보철을 하는 것으로 튀어나오고 삐뚤어진 치아를 교정하려고 한다.

그런데 이렇게 긴 치아교정 기간이나 건강한 치아를 신경 치료하는 것에 대해 근심하는 사람들이라면 '간단교정과 라미네이트의 병행치료'를 눈여겨볼 필요가 있다. 최근에 치과를 찾는 많은 환자들이 빠른 시일 내에 아름다운 미소 속의 가지런한 앞니를 원한다. 그러다 보니 투명교정과 인비절라인, 설측교정과 같이 겉으로 보기에 교정한 것이 눈에 띄지 않도록 하는 치료로 교정을 시도하게 된다. 그런데 이런 것도 싫다고 하는 사람들은 대부분 라미네이트와 같이 간단한 치아성형으로 방향을 전환하게 된다.

그런데 라미네이트는 0.3~0.5mm 정도의 두께의 도자기 재질이다. 치아의 앞면을 살짝 다듬고 얇은 사기 재질도재을 붙이면 가지런한 치아가 형성된다. 원하는 정도로 밝은 색상을 선택하면 반영구적인 치아미백 효과를 얻게 된다. 심지어 치아의 삭제다듬기도 전혀 없이 치아의 앞면에 붙이기도 한다. 마치 네일숍에서 인조 손톱을 붙이는 것과 같은 간단한 시술법이다. 하지만 치아를 다듬는 양이 아주 적다 보니 아주 사소한 치아의 불규칙만을 해결할 수 있다. 따라서 라미네이트만으로 아주 심한 불규칙을 바로잡기는 거의 불가능하다. 많은 양의 치아를 다듬게 되면 치아가 시려서 신경치료를 해야만 하는 상황이 된다. 신경치료를 하면 치아가 약해져 라미네이트가 아닌 일반적인 보철물(앞니인 경우 심미보철물인 올세라믹이나 다이아몬드치아성형

등)로 변경해야 한다.

이를 해소하기 위해 약 3개월 가량의 간단한 교정 후, 치열을 바르게 하고 즉시 라미네이트를 하게 된다면 빠른 교정과 함께 완벽하게 하얗고 가지런한 치열을 갖게 된다. 특히 라미네이트를 여러 개 하게 되면 원하는 치아 디자인을 선택할 수도 있다. 예컨대 할리우드 스타일, 남성적인 스타일, 여성적인 스타일, 귀여운 스타일, 지적인 스타일 등으로 원하는 미소라인을 선택하게 되는 것이다.

실제로 라미네이트의 재치료에서 간단교정과 더불어 치아디자인을 수정함으로써 이미지의 변신이 가능하다. 이 간단교정은 일반적인 브라켓을 붙이는 장치교정, 설측교정, 투명교정 어느 것이나 가능하다. 실제로 많은 사례에서 간단교정 후 라미네이트 치료는 아름답고 완벽한 미소를 위한 가장 최적의 선택 방법이 될 수 있다.

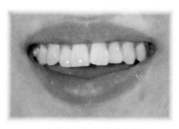
치과치료전 스마일라인

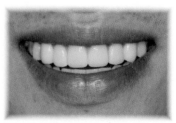
투명교정 및 라미네이트
시술 후 스마일라인

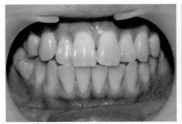 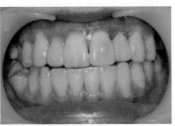

치과치료전 구강모습   투명교정장치를 낀 모습

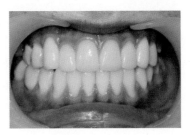

치료완료 후 구강모습

3. 어금니 치아성형 심미수복 재료

어금니 보철치료 하면, 금니부터 생각하게 된다. 하지만 보철치료의 재료에는 금니 뿐만 아니라, 심미적인 재료도 있다. PFM, PFG, 올세라믹, 다이아몬드 등 여러 가지로 나뉜다.

금으로 된 Gold crown은 신체와 가장 친화적인 물질이지만, 비심미적이라 아름다움을 추구하는 세대에서는 기피하는 재료가 되고 있다. 대체제로 나온 심미재료에는 도자기세라믹이 있는데 속에 어떤 코핑(coping, 도재 내부의 단단한 물질)이냐에 따라 심미성이나 강도가 달라진다.

특별한 내부 강화 물질이 없다면 올세라믹all-cermic이라고 불리는데 대표적인 상품명은 엠프레스Empress이다. 가장 심미적이지만 가장 강도가 약하다. 그래서 나온 것이 E-max라고 하는 강도가 강화된 도재다. 이 두 가지 도재보철물의 가장 큰 단점은 바로 내면의 치아 색상이 비친다는 점이다. 만약 변색된 치아라면 아무리 예쁜 보철물도 치아에 부착하는 순간 어두워 보이게 된다. 따라서 보철시술 전 반드시 내부 치아 자체의 색상을 확인한 후 변색이 있거나 어두운 치아는 미백한 후 치료해야만 원하는 색상을 얻을 수 있다.

그런데 이러한 코핑coping이 걱정이 된다면 내부에 금속이나 금을 사용할 수 있다. 다만, 금속이나 금은 색상이 비쳐, 약간 검게 보인다는 단점이 있다. 따라서 어떤 치아라도 약간 그레이쉬grayish, 회색톤한 보철로 보일 수 있어 시술 받은 사람들의 만족도가 낮을 수 있다. 또한 금속을 사용하면 사람에 따라 금속 알레르기 반응을 보일 수도 있다.

이러한 모든 단점을 보완한 것이 바로 '다이아몬드 치아성형'이다. 일면 지르코니아로 불리는 인공다이아몬드 코핑coping을 이용해 치료하는 방식이 그것이다. 내부에 단단한 다이아몬드 물질은 쉽게 깨지지도 않으며 도재 내부가 비쳐 보이지 않게 처리가 되어 있어 치료 전 별다른 치료가 필요 없다. 또한 원하는 도재 색상이 정확히 표현된다는 점이 가장 큰 장점이다. 일반적인 올세라믹 재료와는 달리 강한 강도와 심미성을 바탕으로 브릿지Bridge치료에도 쓰일 수 있는 치료법으로 각광을 받고 있다. 따라서 나는 이것을 '다이아몬드 치아성형'으로 부르기도 한다. 실제로 많은 사례에서 앞니나 어금니 모두에서 강한 강도와 심미성까지 고려한다면 다이아몬드 치아성형이 매우 탁월한 치료법이 되고 있다.

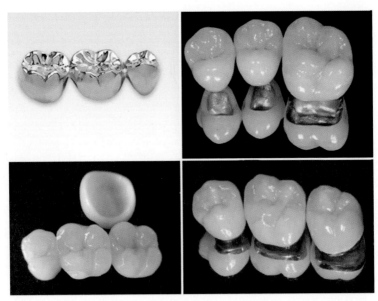

상단좌측부터 시계방향으로 Gold(금), PEG(금도재), PFM(금속도재), 지르코니아(다이아몬드) 도재

모델로 왕성한 활동 중인 이 모양(28세). 하지만 어릴 때부터 선천적으로 없는 치아와 충치로 인해 빠진 치아로 인해 대부분의 치아를 브릿지로 연결한 상태였다. 그런데, 나머지 치아마저도 일부가 깨지고, 변색이 생겼다. 오래된 수복물이 깨지면서, 턱관절에 통증도 생겼다.

웃는 사진을 찍어야 하는데, 웃을 때마다 포토샵을 할 수도 없고 무표정하게 모델 활동에 임할 수도 없는 노릇이다. 게다가 매번 다른 일정이 있어 많은 시간을 낼 수도 없는 상황에 처해 있다.

요즘은 첨단과학기술 덕분에 치아교정 결과를 사전에 예측할 수 있다. 또한 치아교정 중에 눈에 보이지 않는 장치인 투명교정과 같은 다양한 장치치료를 활용하기도 하다 보니 교정장치의 탈착이 자유로워졌다. 치아교정 중에도 미백을 통해 치아가 하얗게 유지되거나 더 환해지는 것은 일상화되었다. 하지만, 이것도 건강한 치아를 지닌 사람들에게만 해당하는 사항이다.

치아가 없거나 충치가 심한 경우는 치아교정을 하고 싶어도 못하는 경우가 있다. 마치 자동차도 10년 이상을 타고 다니면 고장이 나고 이미 몇 번 수리를 맡겼다가 안 되면 아예 차를 바꿔야 하는 상황이 될 수 있는 것처럼 말이다. 특히 구강 내에 존재하는 오래된 수복물은 틈새가 벌어지면서 음식물이 끼고 각종 잇몸 염증을 만들고, 구취입냄새를 유발하기도 한다. 또한 이갈이라도 있으면, 치아의 수복물은 이미 닳아서 교합(치아의 맞물림)이 많이 낮아진 경우도 있다. 이러한 모든 것이 턱관절 장애의 원인까지 될 수 있다.

나이가 들수록 이러한 증상이 더 심해진다. 나이가 들면 안면고경얼굴의 세로길이이 감소하는데, 앞니 혹은 어금니의 일부가 없거나 어금니의 높이가 낮아졌다면 더욱 낮은 안면고경이 된다. 그러다 보니 완전구강회복술Full mouth rehabilitation을 해야 하는 경우가 있다. 틀니의 경우도 이러한 경우에 해당하지만, 최근에는 임플란트나 보철치료에서도 몇 개의 치아를 브릿지로 연결하는 보철수복을 통해 씹는 기능과 심미적인 목적 모두를 달성한다. 치아의 색상도 치료받는 사람이 직접 고르는 재미가 있다.

이렇듯 치아가 없는 사람 또는 고령층의 치료를 위해 전체 보철을 하는 경우에는 바뀐 교합에 적응하는 시간이 필요해 비교적 여유 있게 진행하고 있지만, 크게 웃을 때 보이는 아말감이나 금속 수복물을 없애고 전체적으로 깨끗한 수복물로 변경하길 원하시는 분들은 짧은 기간에 치료가 이루어질 수 있는 치료법이다.

● 윗니 전체치아성형 전후 사진

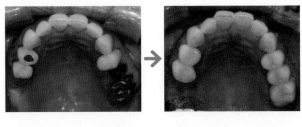

● 아랫니 전체치아성형 전후 사진

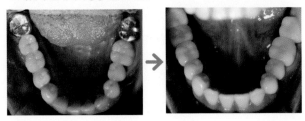

심미적인 임플란트 술식

시술시간이 짧고 치유 빠른 레이저를 이용한 심미임플란트

임플란트는 매식체인 픽스쳐fixture, 수술 직후에 매직체 위를 보호하는 커버스크류cover screw나 힐링캡healing cap, healing abutment, 일정한 기간이 지나 매식체와 뼈 사이의 고정이 완벽히 이뤄진 다음에 교체되는 어버트먼트abutment와 보철물crown으로 이뤄진다.

보통 상부 최종보철물이 올라가기 위한 뼈의 고정기간은 위턱상악은 5-6개월, 아래턱하악에서는 3개월정도 소요된다. 뼈이식이나 상악동거상술을 시행한 경우라면 3-6개월 가량의 추가기간이 소요되기도 한다. 그런데 이때 보철물은 최종보철물을 올리기 전에 임시보철물을 잠시 하면, 더 예쁜 잇몸이 생긴다.

이때 임플란트 위쪽의 잇몸을 성형할 수도 있는데, 최근의 임플란트를 식립하는 과정은 물론, 보철물의 인상을 채득하기 전까지의 모든 과정이 레이저를 이용할 수 있다. 이 경우, 출혈도 최소화되며 수술시간도 짧아지며 치유속도도 현저히 빠르다. 시술 직후 일상생활이 가능할 정도로 통증도 경미하다. 멍이 들거나 붓는 증상도 거의 없다. 시술 후에도 보다 심미적인 결과를 가질 수 있는 것도 이 때문이다.

심미 임플란트, 치아성형보철물을 병행

일반적으로 임플란트라고 하면 노년층에서나 하는 치료로 여기기 쉽다. 하지만, 선천적으로 치아가 없는 경우나 어릴 때 심한 충치나 사고 등으로 치아가 상실된 경우도 있기에 최근에는 젊은 연령층에서도 임플란트 치료를 받곤 한다. 그러다 보니, 임플란트 치료의 목적이 단순히 기능의 회복에서 나아가 심미적인 목적까지 모두 고려해야 한다. 임플란트 치료도 이전에는 발치 후, 1달 이상을 기다렸으나 최근에는 발치 후 즉시 임플란트를 심고, 필요하면 임시 치아까지 수복해 주어 기능은 물론 심미적인 부분까지 충족시키고 있다.

임플란트의 구조는 뿌리에 해당하는 매식체implant fixture, 머리에 해당하는 어버트먼트abutment, 그리고 상부 보철물crown로 나뉜다. 이 중 어느 하나라도 심미적이지 않다면 아름다운 인공치아를 가질 수가 없다. 예컨대 뼈가 부족하거나 잇몸을 제대로 덮지 않은 상태로 매식체를 너무 얕게 식립했다면, 타이타늄 금속 부분이 눈에 보일 수도 있다. 그리고, 어버트먼트가 너무 어둡다면 보철물의 색상이 아무리 예뻐도 변색된 치아처럼 보일 수 있다. 겉으로 드러나는 보철물의 색상과 심미성은 매우 중요하다. 따라서 이것 모두를 심미적이게 하는 것이 가장 중요하다.

임플란트 식립 후 최종 보철물은 아랫니는 3개월, 윗니는 대개 6개월 정도 지나서야 구강 내 시적된다. 이 기간은 뼈와 임플란트가 충분히 붙는 데 걸리는 시간으로 어떤 방식으로 치료해도 필수적으로 소요되는 시간이다. 아랫니 기준으로 2~3개월이 지나면, 적절한 강도가 유지되는지를 측정한 후 보철물을 선택하게 된다. 앞니의 경우라면 대개 도재세라믹 소재를 선택하게 될 것이다. 그런데, 이 속에 들어가는 물질이 중요하다. 만약 앞니 보철물인 도재 속에 일반치과용 금속metal이 들었다면, 약간 회색톤으로 치아가 어두워 보일 것이고, 속에 금gold이 들어있다면 황색톤으로 치아가 어두워 보일 것이다.

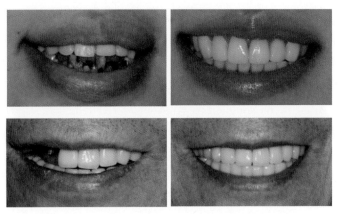

〈앞니가 없는 경우, 부자연스럽고 비대칭적인 스마일라인이었으나,
치료 후 자연스럽고 대칭형 스마일　라인이 형성된 모습〉

이를 보완한 것이 인공 다이아몬드 재질인 '지르코니아zirconia' 다. 이전에 앞니나 작은 어금니의 치아성형을 위해 주로 사용된 것이 라미네이트나 올세라믹 재질로 심미적이지만 파절에 약했다면 이런 단점을 보완한 것이 바로 지르코니아 인공 다이아몬드다. 도재의 심미성과 다이아몬드의 강도를 모두 지닌 획기적인 보철물이다. 그런

데 이젠 임플란트 보철물에도 이러한 다이아몬드보철물이 쓰이고 있다. 실제로 인공 다이아몬드 지르코니아를 이용한 보철 치료는 앞니뿐만 아니라, 어금니 부위에서도 심미적이면서도 기능적으로도 탁월함을 인정받아, 심미 임플란트 치료에 널리 이용되고 있다.

임플란트의 뿌리부분인 매식체픽스쳐; fixture 부위는 인체친화적인 타이타늄으로 되어 있는데, 이것은 현재 기술로는 변경이 불가능한 부분이다. 다만 머리 부분인 기둥부위abutment를 지르코니아zirconia로 만든 후, 다시 인공 다이아몬드 도재zirconia로 수복하게 된다면, 최적의 심미 임플란트가 완성된다. 많은 실험과 연구를 거쳤음에도 보철물의 강도가 걱정된다면, 어버트먼트와 상부 보철물을 일체형one-body type으로 제작하면 된다.

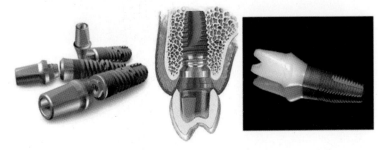

〈일반적인 임플란트보철물의 구조와 다이아몬드 특수보철물 이미지〉

자연치아처럼 디자인 된 심미적 보철물

임플란트 수술을 잘 받고 나서도 웃지 못하는 경우가 많다. 입을 벌려보면, 임플란트를 한 치아는 딱 티가 난다. 임플란트 나사가 노출된 것도 아닌데 웃지 못하는 이유는?

▶ **첫번째는 임플란트 상부보철물의 구조때문이다.**

임플란트 보철은 크게 3가지로 나뉜다. 스크류 홀이 드러나 보이는 스크류 타입과 전혀 보이지 않는 시멘트 타입, 그 두 가지를 호환한 SCRP 타입이 있다.

이 중, 시멘트 타입을 제외하면 다 스크류 홀이 보인다. 스크류 홀이 보이는 경우는 언제든지 보철물을 임플란트와 분리해, 필요시 교체할 수 있는 장점이 있는 디자인이다. 그런데, 이러한 보철물이 아랫니나 앞니에 있다면, 웃을 때마다 보일 수 있다. 심미적인 보철물은 자연치아와 비슷해야 한다. 필요에 따라 적절한 타입의 보철물로 교체해야 할 것이다.

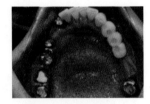 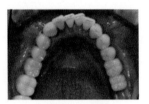

부러지고 빠진 치아의 모습   심미임플란트 시술 및
치아성형 후 모습

▶ **두번째는 잇몸부위의 노출 혹은 잇몸의 부족 때문이다.**

어금니보다 앞니에서 더욱 중요한 것인데, 임플란트를 식립하고 나서 잇몸이 모자란 경우에 해당한다. 무작정 치아를 길게 만들 수는 없는 법이지만, 그렇다고 임플란트 일부를 노출시킬 수도 없다. 이를 위한 대안은 바로 핑크 포셀린기법이다. 임플란트 보철물 일부를 하얀색이 아닌, 잇몸색상으로 하는 방법이다. 이러한 기법은 심미안을 지닌 치과의사에 의해 이루어져야 한다. 만약, 오렌지빛이 살짝 감도는 잇몸인데 무조건 핑크빛으로만 한다면, 심미적인 보철물이 아니라, 잇몸이 지저분해보일 수 있기 때문에 반드시 면밀한 검진 과정이 필요하다.

이러한 핑크포셀린의 경우, 임플란트 뿐만 아니라 일반적인 심미보철물에도 선택적으로 적용될수도 있는 기법이라고 하니 연세드신 부모님이나 빠진지 오래된 치아의 치료를 염두에 둔 경우라면 관심가져볼만한다.

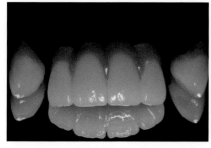 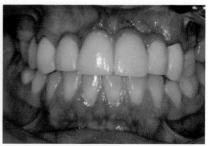

잇몸이 부족한 부위를 핑크포셀린으로 섬세하게
디자인 한 보철물

구강에 직접 부착한 모습
부족한 잇몸이 노출되지 않음

▶ **세번째는 상부 보철물 때문이다.**

특히 앞니의 경우, 아무리 잘 수복해도 잇몸 속의 임플란트나 상부 어버트먼트(임플란트보철물 속의 기둥)가 비춰보일 수 있다. 회색빛이 감도는 앞니는 시술받은 사람들이 가장 꺼려하는 결과이다. 최소한 앞니는 도재로 이뤄진 상부보철물이 필수이다. CAD-CAM을 이용하는 등, 임플란트 상부보철물 전체가 지르코니아(인공 다이아몬드)로 이뤄진 보철로 대체 가능해졌다.

이러한 심미 임플란트 술식을 이용하면, 깨끗한 치아도 생기고 더욱 예쁘고 자신감있는 미소를 짓게 될 것이다.

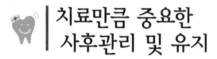

치료만큼 중요한
사후관리 및 유지

시작이 반이라는 말이 있다. 하지만, 나머지 반은 그 이후에 이루어진다. 치과 치료 역시 치료의 시작만큼 중요한 것이 바로 유지 관리다. 다음과 같은 간단한 주의와 체크만으로도 보다 건강한 치아와 상쾌한 구강을 유지할 수 있다.

치료의 시작
및 완료

치료 후의
유지 및 관리

정기적인 체크는 여러분을 또 한번 웃게 합니다.
이젠 치과에서 치료와 함께 유지 관리까지 받으세요.

▶ 치아교정

치아교정은 장치를 떼는 순간부터 재발이 시작된다. 원래, 치아는 내향성(안쪽으로 움직이는 성향)을 지니고 있어, 모든 치아가 앞니 방향으로 이동을 한다. 그래서, 나이가 들면 들수록 치아의 삐뚤거림이 심해질 수밖에 없다. 그러다 보니, 자연치열도 시간이 지나면 불규칙해지는데 치아교정을 해서 치아를 반듯이 펼쳐놓으면 이러한 성향이 더 크게 나타난다. 재발된 것이 눈에 띌 수밖에 없는 이유다.

그래서, 교정 장치를 떼는 날부터 이제 진짜 교정 시작이라고 생각하면 된다. 이를 위해, 나의 경우 치아교정 치료 후 반드시 고정성 유지 장치라고 하는, 겉으로 보이지 않는 얇은 철사를 치아에 붙여 준다. 뿐만 아니라, 밤에 부가적으로 낄 수 있는 가철성(뺐다 꼈다 탈착이 가능한) 유지장치의 제작을 권하기도 한다. 하지만, 교정 장치에서 탈출된 해방감을 만끽하노라면, 1~2년 사이에 서서히 재발이 되고 교정하기 전 단계나 교정완료 되기 전의 모습으로 되돌아가고 만다. 따라서, 교정이 끝나는 날부턴 더욱 유지에 힘쓰고 치료를 받은 치과에 1~2년마다 들러 꼭 정기체크를 받도록 하자.

▶ **임플란트**

임플란트 식립한 후, 골유착이 충분히 일어났다면 반영구적으로 쓸 수 있다. 실제로 임플란트는 단 1~2mm만 골유착이 되어 있어도 억지로 빼지 않는 한, 빠지지 않는 경우가 대부분이다. 식립 후 1~2년, 특히 보철을 마무리 한 이후의 예후가 임플란트의 남은 예후를 결정짓는다. 만약, 임플란트 수술도 성공적으로 끝나서 아무 무리 없이 보철치료도 했지만, 그 이후 임플란트 주위에 염증이 생기거나 부러지거나 탈락하는 경우 대부분의 원인은 지속적인 주의와 관리를 하지 않았기 때문이다.

최근에는 고령층을 대상으로 임플란트 시술에 건강보험이 적용되기 시작했기 때문에(2014년 7월 기준, 기준 만 75세이상 2개까지 건강보험적용 대상, 2016년에는 만 65세 이상 2개까지로 늘려나갈 계획이라 한다.), 더욱 많은 사람들이 임플란트 시술을 받게 될 것이다. 임플란트 역시 잘 시술한 만큼, 잘 유지하는 것이 중요하다. 따라서, 임플란트 치료 이후에도 1개월, 3개월, 6개월, 1년 단위로 기간을 늘려가면서 반드시 체크를 받도록 하자.

▶ 신경치료 및 보철치료

신경치료와 보철치료 후에는 반드시 정기체크가 필요하다. 자연치아를 살리기 위해 최상의 치료를 했는데도 단기간에 염증이나 다른 문제가 생긴 경우라면 치과를 찾았겠지만, 대부분의 경우는 수 년이 지나고 나서야 치과를 다시 찾는 경우가 많다. 신경치료 이후에 다시 재치료를 할 시기를 놓쳤다면 다음 단계는 바로 발치 extraction, 치아를 뺌 단계다. 보철치료도 마찬가지로, 시간이 너무 오래 지난 보철을 제거해 보면, 이미 속에서 충치가 진행되어 더 이상 치아를 살릴 수 없는 경우가 많기 때문에 이 또한 최소 2년 주기로 체크를 받기를 권한다.

▶ 치아성형

급속교정이라고 불리는 치아성형이나 라미네이트 시술도 마찬가지다. 이 또한 보철 치료의 하나이기 때문에 반드시 주기적인 치석제거스케일링와 잇몸치료로 건강한 구강 상태를 유지하지 않으면, 잇몸병이나 치주질환의 원인이 된다. 이 또한 6개월~1년에 한 번은 정기 체크를 받기를 권한다. 실제로, 이러한 정기 검진을 무시하고 라미네이트나 도재세라믹 소재 치료 후, 도재의 박편이 깨지거나 탈락하는 경우에야 다시 치과를 찾는 경우가 많다. 소 잃고 외양간 고치는 격이다. 치료 전후에 이갈이나 이 악물기 등의 구강 악습관이 없는지 체크하고 치과의사가 권하는 경우에는 반드시 나이트가드나 라미네이트 전용 보호장치를 사용하는 것이 좋다. 또한 사각턱 부위 근육에 보톡스를 주사하여 이악물기나 이갈이 습관을 제어해주는 치료를 병행하기도 한다.

자, 치료와 함께 웃는 연습이 병행된다면, 이제 누구나 환하게 웃을 수 있다. 미소에 대해 많은 이야기를 했지만, 황금비율도 본인의 얼굴에서 조화를 이룰 때 비로소 아름다워 보이는 것처럼 아름다운 미소에는 정해진 답은 없다. 누구나 자신 있는 미소를 지을 수 있다. 사람들의 얼굴이 똑같지 않은 것처럼, 본인의 얼굴과 치아, 분위기에 맞는 시술을 받고, 또 연습을 충분히 한다면, 모든 사람이 환하고 자신 있게 웃을 수 있다. 자신에게 가장 어울리는 미소를 갖기 위해선 단 3분의 노력이면 충분하다. 인생을 바꾸는 당신의 미소, 오늘 당장 변화를 주어 보자!

주석

Part 1

[1] Preuschoft, Signe. ""Laughter" and "Smile" in Barbary Macaques (Macaca Sylvanus)." Ethology 91.3 (1992): 220–36)

Part 2

[1] Haakana, M. (2010). "Laughter and smiling: Notes on co-occurrences". Journal of Pragmatics 42 (6): 1499–1512. doi:10.1016/j.pragma.2010.01.0100).

[2] 영국 코스터리츠 박사의 보고서(1975) 중에서

[3] 『선의 탄생(Bone to be good)』대커 켈트너 저, 옥당

[4] 『생각 버리기 연습』코이케 류노스케 저, 유윤한 역, 21세기북스

[5] http://terms.naver.com/entry.nhn?docId=1919103&cid=2948&categoryId=2948 (2013-08-25)

[6] 『인간딜레마』이용범 저, 생각의 나무

[7] Freitas-Magalhães, A. (2006). The Psychology of Human Smile. Oporto: University Fernando Pessoa Press.

[8] Hoque, M.E., Picard, R.W., "Acted vs. natural frustration and delight: Many people smile in natural frustration," 9th IEEE International Conference on Automatic Face and Gesture Recognition (FG'11), Santa Barbara, CA, USA, March 21–25, 2011.

[9] Hoque, M. E., Morency, L-P, Picard, R.W. "Are you friendly or just polite? – Analysis of smiles in spontaneous face-to-face interactions," In Proceedings of the Affective Computing and Intelligent Interaction, Memphis, October 9–12, 2011.

[10] Ambadar, Zara; Cohn, Jeffrey; Reed, Lawrence (2009). "All Smiles are Not Created Equal: Morphology and Timing of Smiles

Perceived as Amused, Polite, and Embarrassed/Nervous". Journal of Nonverbal Behavior 33 (1): 17–34. doi:10.1007/s10919–008–0059–5.

[11] Gottman, John M.; Coan, James; Carrere, Sybil; Swanson, Catherine (1998). "Predicting Marital Happiness and Stability from Newlywed Interactions". Journal of Marriage and the Family 60 (1): 5–22. JSTOR 353438.

[12] http://www.snopes.com/science/smile.asp (2013–09–01)

Part 3

[1] Eur J Esthet Dent. 2011 Autumn;6(3):314–27.
Is the smile line a valid parameter for esthetic evaluation? A systematic literature review.
Passia N, Blatz M, Strub JR.Depart ment of Prosthodontics, Albert–Ludwigs University, Freiburg, Germany.

[2] Smile line assessment comparing quantitative measurement and visual estimation
Pieter Van der Geld, Paul Oosterveld, Jan Schols, and Anne Marie Kuijpers–Jagtman
Nijmegen, The Netherlands (Am J Orthod Dentofacial Orthop 2011;139:174–80)
(http://www.tandartsenvandergeld.nl/files/Smile%20line%20assessment_52.pdf)

[3] http://www.kurpisdentistry.com/gummy_smiles.html (2013–08–25)

[4] Smile Analysis and Esthetic Design:"In the Zone"
Edward A. McLaren, DDS, MDC; and Phong Tran Cao, DDS
INSIDE DENTISTRY–JULY/AUGUST 2009
(http://www.edmclaren.com/Pubs/PDFs/Smile_Design_09.pdf)

Part 4

[1] 외상성 교합(Traumatic occlusion, 外傷性咬合)

교합에 있어서 특정 치아에만 이상한 교합 자극이 가해지는 경우에 말한다. 만성치주염이 원인의 하나로 거론되고 있다. 치료는 교합조정을 하고 그 치아의 기능유지를 꾀한다.

출처 : 간호학대사전, 1996.3.1, 한국사전연구사)

http://terms.naver.com/entry.nhn?docId=498545&cid=2948&categoryId=2948

[2] Journal of Conservative Dentistry : "To evaluate the validity of Recurring Esthetic Dental proportion in natural dentition" (2011, vol.14 (issue 3, 314–317) Shilpa Shetty, Varun Pitti, CL Satish Babu, GP Surendra Kumar, KR Jnanadev, Depart ment of Prosthodontics, V. S. Dental College and Hospital, Bangalore, India

(http://www.jcd.org.in/article.asp?issn=0972–0707;year=2011;volume=14;issue=3;spage=314;epage=317;aulast=Shetty)

[3] DOI: 10.2319/091407–437.1 "Surface Anatomy of the Lip Elevator Muscles for the Treatment of GummySmile Using Botulinum Toxin"

Woo–Sang Hwanga; Mi–Sun Hurb; Kyung–Seok Huc; Wu–Chul Songd; Ki–Seok Kohe; Hyoung–Seon Baikf; Seong–Taek Kimg; Hee–Jin Kimh*; Kee–Joon Leei*

http://www.angle.org/doi/pdf/10.2319/091407–437.1 (2013–08–29)

[4] "TREATMENT DETERMINANTS OF THE GINGIVAL SMILE"
Jessica H. Cox, D.D.S.

http://www.slu.edu/Documents/cade/thesis/JessicaCoxThesis.pdf (2013–08–29)

[5] "Eliminating a Gummy Smile with
Surgical Lip Repositioning" Ziv Simon, D.M.D., M.Sc., Ari

Rosenblatt, D.D.S., D.M.D., William Dorfman, D.D.S., F.A.A.C.D.
http://c1-preview.prosites.com/51760/wy/docs/publications/
Simon%20Lip%20Surgery%20AACD.pdf (2013-08-29)

[6] Treatment of Skeletal-Origin Gummy
Smiles with Miniscrew Anchorage
JAMES CHENG-YI LIN, DDS, CHIN-LIANG YEH, DDS, MS, ERIC
JEIN-WEIN LIOU, DDS, MS, S. JAY BOWMAN, DMD, MSD
http://www.embracesmile.com/files/publications/jco_2008_
skeletal_gummy_smile_correction.pdf (2013-08-29)

[7] Smile Dental Journal | Volume 7, Issue 3 – 2012 "Surgical Lip
Repositioning Using LASER for the
Reduction of Excessive Gummy Smiles"
A case Report- Haseeb H. Al-Dary – DDS, FADI
http://www.smiledentaljournal.com/images/stories/Volume_7_
issue_3/PDF/Surgical_Lip_Repositioning_Using_LASER.pdf
(2013-08-29)

[8] http://www.kurpisdentistry.com/gummy_smiles.html (2013-08-29)

[9] Edward A. McLaren, DDS, MDC; and Phong Tran Cao, DDS
INSIDE DENTISTRY-JULY/AUGUST 2009)
http://www.edmclaren.com/Pubs/PDFs/Smile_Design_09.pdf
(2013-08-29)

Part 5

[1] 『Moment of Truth』 Carlzon, Jan 저, HarperCollins(1989)

Part 6

[1] 잡지 『코스모폴리탄』2013년 6월호

Part 7

[1] http://www.trendhunter.com/trends/tyra-275-smiles (2013-08-25)

[2] http://science.howstuffworks.com/life/muscles-smile.htm (2013-08-25)

[3] 『인체해부학』p82, 안희경 저, 고문사

[4] 잡지 『우먼센스』2009년 5월호

[5] 『페이스닝』이누도 후미코 저, 백철호 역, 북스닛

[6] http://student.ahc.umn.edu/dental/coursearchives/1yr_Fall/ANAT6050/Study%20Aids/facial%20expression%20muscles.jpg

[7] http://blog.naver.com/gnostudio?Redirect=Log&logNo=70157378304 (2013-08-25)

[8] 『첫인상 5초의 법칙』한경 저, 위즈덤하우스

[9] http://www.noodlefoodle.com/dor/stoy_girl_viw.jsp?txtGROUP_ID=3143&txtNo=2934

[10] 『턱, 얼굴 미용외과』최진영, 황윤정 저 - 명문출판사

Part 8

[1] http://www.bestps.co.kr/xe/39290 (2013-08-28)

[2] 『얼굴의 미학』윤명준 저, 동학사(1989), 151페이지

[3] 『스눕(snoop) : 상대를 꿰뚫어보는 힘』샘 고슬링 저, 김선아 역, 한국경제신문(2010)

[4] 『성격의 탄생』대니얼 네틀저, 김상우 역, 와이즈북(2009), 106페이지

[5] http://en.wikipedia.org/wiki/Curve_of_Spee (2013-09-01)

[6] http://www.ptcdental.com/dentaldictionary/c/curve-of-wilson/ (2013-09-01)

[7] http://www.dentistrytoday.com/occlusion/1823-the-maxillary-anteriorposterior-curve-of-occlusion (2013-09-01)